建筑安装工人职业技能考试习题集

通 风 工

张志贤 罗 斌 主编

中国建筑工业出版社

图书在版编目（CIP）数据

通风工/张志贤，罗斌主编．—北京：中国建筑工业出版社，2015.5
（建筑安装工人职业技能考试习题集）
ISBN 978-7-112-17892-6

Ⅰ.①通… Ⅱ.①张… ②罗… Ⅲ.①通风工程—技术培训—习题集 Ⅳ.①TU834-44

中国版本图书馆CIP数据核字（2015）第047828号

建筑安装工人职业技能考试习题集
通 风 工
张志贤 罗 斌 主编
*
中国建筑工业出版社出版、发行（北京西郊百万庄）
各地新华书店、建筑书店经销
北京永峥排版公司制版
廊坊市海涛印刷有限公司印刷
*
开本：850×1168毫米 1/32 印张：3½ 字数：94千字
2015年4月第一版 2015年4月第一次印刷
定价：**12.00**元
ISBN 978-7-112-17892-6
（27066）

本习题集根据现行职业技能鉴定考核方式，分为初级工、中级工、高级工三个部分，采用选择题、判断题、简答题、计算题、作图题、实际操作题的形式进行编写。

本习题集主要以现行职业技能鉴定的题型为主，针对目前建筑安装工人技术素质的实际情况和培训考试的具体要求，本着科学性、实用性、可读性的原则进行编写。可帮助准备参加技能考核的人员掌握鉴定的范围、内容及自检自测，有利于建筑工程工人岗位等级培训与考核。

本书可作为建筑安装工人职业技能考试复习用书。也可作为广大建筑安装工人学习专业知识的参考书。还可供各类技术院校师生使用。

* * *

责任编辑：胡明安
责任设计：张　虹
责任校对：关　健　刘梦然

前　言

为了适应建设行业职工培训和建设劳动力市场职业技能培训、鉴定的需要，我们编写了这套《建筑安装工人职业技能考试习题集》，分7个工种，分别是:《通风工》、《管道工》、《安装起重工》、《工程安装钳工》、《工程电气设备安装调试工》、《建筑焊割工》、《铆工》。本套习题集根据现行职业技能鉴定考核方式，分为初级工、中级工、高级工三个部分，采用选择题、判断题、简答题、计算题、作图题、实际操作题的形式进行编写。

这套习题集主要以现行职业技能鉴定的题型为主，针对目前建筑安装工人技术素质的实际情况和培训考试的具体要求，本着科学性、实用性、可读性的原则进行编写，本套习题集适用于各级培训鉴定机构组织学员考核复习和申请参加技能考试的学员自学使用，可帮助准备参加技能考核的人员掌握鉴定的范围、内容及自检自测，有利于建筑工程工人岗位等级培训与考核。本套习题集对于各类技术学校师生、相关技术人员也有一定的参考价值。

本套习题集的内容基本覆盖了相应工种“岗位鉴定规范”对初、中、高级工的知识和技能要求，注重突出职业技能培训考核的实用性，对基本知识、专业知识和相关知识有适当的比重分配，尽可能做到简明扼要，突出重点，在基本保证知识连贯性的基础上，突出针对性、典型性和实用性，适应建筑安装工人知识与技能学习的需要。由于全国地区差异、行业差异及企业差异较大，使用本套习题集时各单位可根据本地区、本行业、本单位的具体情况，适当增加或删除一些内容。

本套习题集的编写得到了中国建筑工业出版社和有关建筑安装单位、职业学校等的大力支持。在编写过程中参照了部分培训教材，采用了最新施工规范和技术标准。由于编者水平有限，书中难免存在若干不足甚至错误之处，恳请读者在使用过程中提出宝贵意见，以便不断改进完善。

编者

目　录

第一部分　初级通风工

1.1　选择题

1. 通常以地球纬度45°处，空气温度为（A）时测得的平均气压作为一个标准大气压，其值为101325Pa。

A. 0℃　B. 20℃　C. －20℃　D. 30℃

2. 我国通常采用的是（B）温标。

A. 开尔文（K）　　B. 摄氏温标（℃）

C. 华氏温标（°F）　　D. 绝对温标（T）

3. 通风空调工程中表示空气湿度常用的是（C）。

A. 绝对湿度　B. 含湿量　C. 相对湿度　D. 干湿球湿度差

4. 空气绝对湿度的单位是（B）。

A. g/kg　B. g/m^2　C. kg/m^2　D. %

5. 干空气中，氧的质量比是（D）。

A. 28. 10%　B. 32. 10%　C. 26. 10%　D. 23. 10%

6. 焓的单位是（C）。

A. W/kg　B. kW/kg　C. ℃/kg　D. J/kg

7. 一个物体能画出（D）个正投影图。

A. 1　B. 3　C. 4　D. 6

8. 工程上常用的投影图是（C）面投影图。

A. 六　B. 四　C. 三　D. 一

9. 通风管件和部件的形状均是一些（A）几何图形的组合。

A. 简单　B. 复杂　C. 一般　D. 不规则

10. 工程图中表示中心线的线型是（C）线。

A. 实线　B. 虚线　C. 细点划线　D. 双点划线

11. 在常温下，人体的对流、辐射散热约占总散热量的（C）%。

A. 85　B. 45　C. 75　D. 25

12. 我国在工程上采用的温标单位为（B）。

A. ℉　B. ℃　C. K　D. W

13. 施工图上尺寸数字后都不标注尺寸单位，但总平面图及标高以（A）为单位。

A. m　B. dm　C. cm　D. mm

14. 除总平面图及标高外，施工图上所有的尺寸单位均为（D）。

A. m　B. dm　C. cm　D. mm

15. 建筑平面图上的定位轴线的编号在横向采用（C）编号。

A. 汉语数字　B. 罗马数字

C. 阿拉伯数字　D. 汉语拼音字母

16. 平、剖面图的风管宜用（A）绘制。

A. 双线　B. 粗直线　C. 单线　D. 斜线

17. 通风工程图中的主视图叫做（A）图。

A. 立面　B. 俯视　C. 平面　D. 侧面

18. 假想把物体的某一部分剖开，保留外形而得到的投影图，称为（C）图。

A. 全剖面图　B. 半剖面图　C. 局部剖面　D. 阶梯剖面图

19. 现行《通风与空调工程施工质量验收规范》的编号为（B）。

A. GB 50243—97　B. GB 50243—2002

C. GBJ 242—88　D. GBJ 243—88

20. 空调工程中压力的单位符号是（B）。

A. kgf/cm^2　B. Pa　C. kg　D. Bar

21. 设备安装图应由（D）组成。

A. 平面图　B. 剖面图

C. 局部详图　D. 平面图、剖面图、局部详图

22. 通风系统的划分方式在（D）中表示。

A. 平面图　B. 剖面图　C. 轴测图　D. 文字说明

23. 喷砂除锈施工时，喷嘴与金属表面的夹角一般为（C）。

A. 50°~60°　B. 60°~70°　C. 70°~80°　D. 80°~90°

24. 按实测草图在进行风管加工，长度尺寸要在（B）处留出调整余地。

A. 三通　B. 直风管或大小头　C. 弯头　D. 风口

25. 用于低、中压系统的无机玻璃钢风管的法兰螺栓孔间距为（C）mm。

A. ≤80　B. ≤100　C. ≤120　D. ≤150

26. 一般通风工程常用薄钢板的厚度为（B）mm。

A. 0.3~1.5　B. 0.5~2.0　C. 1.0~3.0　D. 0.5~4.0

27. （C）是最常见的风管连接方式。

A. 铆接　B. 焊接　C. 咬口连接　D. 插接

28. 普通薄钢板风管和配件制作，咬口连接适于的厚度是（C）mm。

A. ≤0.8　B. ≤1.0　C. ≤1.2　D. ≤1.5

29. 薄钢板单平咬口适用于（A）。

A. 板材的拼接缝和圆形风管的纵向闭合缝

B. 圆形风管横向连接或纵向接缝

C. 矩形风管和部件四角的咬口

D. 风管、部件四角的咬口和低压圆形风管的咬口

30. 加工板长超过（A）m 时，折方机应有两人以上操作。

A. 1.0　B. 0.5　C. 1.5　D. 2.0

31. 通风空调系统中应用最普遍的风阀是（D）。

A. 蝶阀　B. 止回阀　C. 插板阀　D. 多叶调节阀

32. 手工剪切的薄钢板厚度一般在（B）mm 以下。

A. 1.5　B. 1.2　C. 1.0　D. 0.75

33. 手持电动剪主要适用于（D）mm 以下的金属板材剪切。

A. 1.0　B. 1.5　C. 2.0　D. 2.5

34. 制作风管和部件时，咬口宽度应以板材厚度和咬口机械的性能而定，一般情况下，板材厚度为 0.5~1.0mm 时，单咬口的宽

度为（C）mm

A. 4 ~7　B. 5 ~8　C. 8 ~10　D. 10 ~12

35. 在高速空气调节系统中，空气流速可达（D）m/s。

A. 8 ~12　B. 12 ~15　C. 15 ~20　D. 20 ~30

36. 大型生产车间、体育馆、电影院等建筑采用（C）风口。

A. 侧送　B. 散流器　C. 喷射式　D. 孔送

37. 通常规定热强度大于（A）W/m^2 的车间为热车间。

A. 4870　B. 5870　C. 6870　D. 7870

38. 折方机适用于宽度 2000mm 以内、厚度（C）mm 以下板材的折方。

A. 2　B. 3　C. 4　D. 5

39. 制作风管和部件时，厚度在（B）mm 以上的薄钢板可采用电焊。

A. 1. 0　B. 1. 2　C. 1. 5　D. 2. 0

40. 制作金属风管时，板材的拼接咬口和圆形风管的闭合咬口应采用（B）。

A. 转角咬口　B. 单咬口　C. 立咬口　D. 按扣式咬口

41. 圆形风管制作尺寸应以（C）为准。

A. 内径　B. 外边长　C. 外径　D. 内边长

42. 圆风管与法兰组配的翻边尺寸一般为（D）mm。

A. 4 ~6　B. 5 ~7　C. 6 ~8　D. 6 ~10

43. 风管大小头的扩张角应在（D）之间。

A. 15° ~25°　B. 45° ~60°　C. 35° ~45°　D. 25° ~35°

44. 金属风管的圆形弯管可采用（A）咬口。

A. 立式咬口　B. 按扣式咬口　C. 联合角咬口　D. 转角咬口

45. 圆形风管的制作尺寸应以外径为准，即设计图上标注的是风管的（D）。

A. 内径　B. 内径或外径　C. 内径与外径的平均值　D. 外径

46. 采用手工制作风管时，当板材宽度小于风管周长、大于（C）周长时，可设两个转角咬口连接。

A. 1/3　B. 1/4　C. 1/2　D. 1/5

47. 当圆形风管采取加固措施时每隔适当距离，加设一个（A）进行加固，并用铆钉固定在风管上。

A. 扁钢圈　B. 薄钢板　C. 压制楞筋　D. 角钢圈

48. 风管安装前在地上的连接长度一般最长为（D）m 左右。

A. 4 ~ 6　B. 6 ~ 8　C. 8 ~ 10　D. 10 ~ 12

49. 风管的圆形弯管直径为 240 ~ 450mm 时，其弯曲半径可为（A）。

A. （1 ~ 1.5）D　B. 1.0D　C. 1.5D　D. 2.0D

50. 矩形风管的外加固型材高度不宜大于风管法兰高度，且间隔应均匀，螺栓或铆接点的间距不应大于（A）mm。

A. 220　B. 150　C. 280　D. 320

51. 风管大边长≤630mm 时的法兰用料为（A）。

A. ∟ 25 × 25 × 3　　B. ∟ 25 × 25 × 4

C. ∟ 25 × 25 × 5　　D. ∟ 30 × 30 × 4

52. 薄钢板圆形风管直径 D（B）mm 时，法兰应采用扁钢制作。

A. ≤250　B. ≤280　C. ≤360　D. ≤400

53. 薄钢板矩形风管大边长 b 为：$630 < b \leq 1500$mm 时，法兰应采用（B）角钢制作。

A. ∟ 25 × 25 × 3　　B. ∟ 30 × 30 × 3

C. ≤∟ 40 × 40 × 4　　D. ∟ 50 × 50 × 5

54. 圆形法兰直径允许偏差均为正偏差，即比设计的风管外径尺寸大（D）mm。

A. 0.5 ~ 1　B. 0 ~ 2　C. ≤1 ~ 2　D. 2 ~ 3

55. 壁厚为 1.5mm 的风管或部件与法兰之间的连接，主要采用（D）。

A. 螺栓　B. 焊接　C. 咬口　D. 铆接

56. 圆形风管管径 $320\text{mm} \leq \phi \leq 600\text{mm}$ 时，应使用（B）型钢做托架。

A. －25 × 4　B. －25 × 3　C. －25 × 6　D. ∟ 25 × 25 × 4

57. $\phi 150 \sim \phi 280$ 圆风管的法兰用料为（C）。

A. -25×6　B. -25×5　C. -25×4　D. $\llcorner 25 \times 25 \times 3$

58. 化工环境中需要耐腐蚀的通风系统，风管材质常采用（A）板。

A. 不锈钢　B. 铝　C. 镀锌钢　D. 塑料复合钢

59. 圆风管与角钢法兰组配，当 $\delta \leqslant 1.5$mm 时，可用直径（C）mm 的铆钉。

A. 2~3　B. 3~4　C. 4~5　D. 5~6

60. 板材拼接和圆形风管的闭合咬口采用（A）。

A. 单（平）咬口　　B. 单立咬口

C. 转角咬口　　D. 按扣式咬口

61. 圆形风管咬口连接的法兰翻边量一般为（C）mm。

A. 4　B. 6　C. 8　D. 10

62. 圆形弯管弯曲半径 $R \approx$（B）D。

A. 1~1.25　B. 1~1.5　C. 1~1.75　D. 1~2

63. 圆形风管的三通，其夹角宜为（A）。

A. 15°~60°　B. 10°　C. 65°　D. 5°

64. 圆风管与角钢法兰组配的焊接，风管的管端应缩进法兰（D）mm。

A. 2~3　B. 3~4　C. 5~6　D. 4~5

65. 通风工程的防爆系统风管材质常采用（B）。

A. 镀锌钢板　B. 铝板　C. 不锈钢板　D. 塑料复合钢板

66. 除尘系统弯头的弯曲半径一般为（B）D。

A. 1.5　B. 2　C. 2.5　D. 3

67. 一般中、低压风管系统法兰螺栓孔和铆钉的间距应不大于（C）mm。

A. 100　B. 120　C. 150　D. 180

68. 柔性短管的长度一般为（D）mm。

A. 100~150　B. 150~200　C. 200~250　D. 150~250

69. 铆钉孔与铆钉的间隙宜为滑动配合，铆钉孔比铆钉只能大

（A）mm，间隙过大将影响铆接强度。

A. 0. 2　B. 0. 5　C. 0. 3　D. 0. 4

70. 龙门剪床上下刀刃间的间隙，一般取被剪钢板厚度的（B）% 为宜。

A. 6　B. 5　C. 4　D. 3

71. 法兰螺孔的间距不应大于（D）mm。

A. 200　B. 120　C. 100　D. 150

72. 由 4 根角钢组成的矩形风管法兰，其中 2 根等于风管的小边长，另 2 根均等于（C）。

A. 风管的大边长

B. 风管的大边长加 1 个角钢宽度

C. 风管的大边长加 2 个角钢宽度

D. 风管的小边长

73. 风管制作前进行现场实测的具体内容，应根据（C）而定。

A. 设计要求　B. 规范要求　C. 实际需要　D. 技术要求

74. 喷砂所用的压缩空气的压力应保持在（B）MPa。

A. 0. 25　B. 0. 35　C. 0. 5　D. 0. 6

75. 角钢、槽钢、工字钢、管子在下料前的挠曲矢高 f 的允许偏差为≤（C）。

A. 2/1000　B. 3/1000　C. 5/1000　D. 7/1000

76. 当矩形风管大边长尺寸在 500mm 以内时，法兰边长尺寸允许比风管大（B）mm。

A. 4　B. 2　C. 5　D. 3

77. 焊接是金属板材连接的方式之一，风管焊缝形式应根据风管的构造需要而定，例如对接缝用于板材的（A）。

A. 拼接缝、横向缝或纵向闭合缝

B. 矩形风管和管件的纵向闭合缝和管件的转角缝

C. 搭接缝及搭接角缝

D. 板边缝及板边角缝

78. 热矫正是将钢材加热至（D）℃的温度下进行矫正。

A. 250 ~ 500　B. 500 ~ 750　C. 600 ~ 900　D. 700 ~ 1000

79. 电动钻孔机在第一次大修前的正常使用期限应不低于（C）h。

A. 500　B. 1000　C. 1500　D. 2000

80. 氧—乙炔用于气焊、气割火焰，最高温度可达（B）℃。

A. 1000 ~ 1500　B. 1500 ~ 2000　C. 2000 ~ 3000　D. 3000 以上

81. 当圆形风管（不包括螺旋风管）直径大于或等于（D）mm，且其管段长度大于 1250mm 或管段总表面积大于 $4m^2$ 时，均应采取加固措施。

A. 1250　B. 1000　C. 900　D. 800

82. 圆形风管弯头、三通放样，一般采用（C）展开法。

A. 三角形　B. 放射线　C. 平行线　D. 直角梯形

83. 矩形风管边长大于 630mm、保温风管边长大于 800mm，管段长度大于（C）mm 时，应采取加固措施。

A. 800　B. 1000　C. 1250　D. 1500

84. 风帽安装高度超出屋面（C）m 时，应用镀锌铁丝或圆钢拉索固定，拉索不应少于 3 根。

A. 0. 5　B. 1　C. 1. 5　D. 2

85. 矩形保温风管边长大于（C）mm，管段长度大于 1250mm，均应采取加固措施。

A. 630　B. 750　C. 800　D. 900

86. 硬聚氯乙烯的热稳定性较差，使用温度一般为（B）℃。

A. −20 ~ 40　B. −10 ~ 60　C. 0 ~ 50　D. 10 ~ 60

87. 加工帆布柔性短管时，应把帆布按管径展开，并留出（C）mm 的搭接量。

A. 10 ~ 20　B. 25 ~ 30　C. 20 ~ 25　D. 30 ~ 40

88. $\delta = 5 \sim 6mm$ 的硬聚氯乙烯塑料板成型前的加热时间为（A）min。

A. 7 ~ 10　B. 10 ~ 14　C. 3 ~ 7　D. 15 ~ 24

89. 塑料圆风管加热成型的温度为（D）℃。

A. 80 ~ 100　B. 100 ~ 120　C. 110 ~ 130　D. 130 ~ 150

90. 焊接硬聚氯乙烯塑料板的焊枪所用的压缩空气的压力应控制在（A）MPa。

A. 0.08 ~ 0.1　B. 0.04 ~ 0.08　C. 0.02 ~ 0.05　D. 0.1 ~ 0.12

91. 圆形硬聚氯乙烯塑料直管加热成型的温度为（D）℃左右。

A. 100 ~ 120　B. 110 ~ 130　C. 120 ~ 140　D. 130 ~ 150

92. 水平硬聚氯乙烯风管的边长小于或等于400mm时，支吊架间距应小于或等于（A）m。

A. 4　B. 3 ~ 3.5　C. 5 ~ 6　D. 3

93. 矩形保温风管边长大于（C）mm，管段长度大于1250mm，均应采取加固措施。

A. 630　B. 750　C. 800　D. 900

94. 当薄钢板风管大边尺寸为800 ~ 1250mm时，可采用（B）做加固框。

A. −25 × 3 扁钢　B. ∟ 25 × 25 × 4 角钢

C. ∟ 30 × 30 × 4 角钢　D. ∟ 36 × 36 × 4 角钢

95. 矩形无机玻璃钢风管管体的缺棱不得多于（B）处，且小于或等于10mm × 10mm。

A. 1　B. 2　C. 3　D. 4

96. 矩形无机玻璃钢风管法兰缺棱不得多于一处，且小于或等于（C）mm；缺棱的深度不得大于法兰厚度的1/3，且不得影响法兰连接的强度。

A. 5 × 5　B. 8 × 8　C. 10 × 10　D. 15 × 15

97. 无机玻璃钢风管壁厚及整体成型法兰厚度的偏差为（B）mm。

A. ±0.7　B. ±0.5　C. ±0.3　D. ±0.2

98. 一般结构用的外承重多立杆式脚手架，其使用均布荷载不得超过（C）N/m^2。

A. 2400　B. 2000　C. 2700　D. 2800

99. 影响下一道工序不能施工的称为（C）。

A. 一般质量事故 B. 严重质量事故

C. 重大质量事故 D. 质量缺陷

100. 建筑工地常用的安全电压为（C）V。

A. 12 B. 24 C. 36 D. 48

1.2 判断题

1. 自然界中的空气都是“干空气”和水蒸气的混合物，叫做“湿空气”。通风空调中提到的空气，都是指湿空气，简称为“空气”。(√)
2. 在我国，工程上多用摄氏温标，符号为℃。摄氏温标是在标准大气压力下把纯水的冰点定为0℃，把纯水的沸点定为100℃，在冰点和沸点之间分为100等分，每一等分就是1℃。(√)
3. 如果假设光源无限远（例如在直射的阳光下），投影线则相互平行，利用平行投影线进行投影的方法，称为平行投影法。物体在投影面上的投影称为正投影。(√)
4. 无论从哪一个方向对一个点进行投影，所得到的投影都是一条线。(×)
5. 直线正投影的关系是：

   直线平行于投影面时，其投影仍为直线，且与实长相等。

   直线垂直于投影面时，其投影为一个点。

   直线倾斜于投影面时，其投影仍为直线，其长度缩短。(√)
6. 平面正投影的关系是：

   平面平行于投影面时，其投影面是一条直线。

   平面垂直于投影面时，其投影反映平面的真实形状。

   平面倾斜于投影面时，其投影是放大了的平面。(×)
7. 在正立面上的投影称为主视图，通风工程图中称为立面图；在水平面上的投影称为俯视图，通风工程图中称为平面图；在侧立面上的投影称为左视图（有时还需要右视图），通风

工程图中称为侧面图。(√)

8. 普通薄钢板俗称黑铁皮。通风工程常用的普通薄钢板厚度为0.5～2.0mm，其规格大致可分为750mm×1800mm、900mm×1800mm、1000mm×2000mm以及卷板等。常用的薄钢板分热轧板和冷轧板两种。(√)
9. 在风管及部件制作时，铆钉用于板材与板材、风管与法兰的连接。常用的铆钉有半圆头铆钉、沉头铆钉，不得使用抽芯铆钉和击芯铆钉。(×)
10. 普通薄钢板风管和配件制作，板材厚度0.8mm以下时，采用咬口连接，板材厚度0.8mm以上时，采用焊接。(×)
11. 风管制作时，当板材较厚无法进行咬口时，应采用铆钉连接，铆钉连接时，铆钉之间的间距一般为40～100mm。(√)
12. 薄钢板风管的板厚小于或等于1.2mm时应采用咬口连接，板厚大于1.2mm时可采用焊接。(√)
13. 矩形风管或配件的四角组合应采用转角咬口、联合角咬口。(√)
14. 圆形风管的无法兰连接是指传统的角钢或扁钢法兰连接以外的连接方式的统称。(√)
15. 矩形风管横向加固框的允许最大间距，只需要根据风管边长确定，与风管的刚度等级要求无关。(×)
16. 当圆形薄钢板风管直径$D \leqslant 360$mm时，法兰应采用扁钢制作。(×)
17. 为了使法兰与风管组合时松紧适度，应保证法兰内径尺寸不超过偏差值。圆形法兰、矩形法兰的内径、内边尺寸允许偏差均为正偏差，即比设计的风管外径尺寸大1～3mm。(×)
18. 矩形法兰的四角必须设有螺栓孔。(√)
19. 在风管转弯处两侧应设支吊架。(√)
20. 风管与法兰连接，如采用翻边，翻边尺寸应为6～9mm，翻边应平整。(√)

21. 在加工不锈钢板风管过程中，必须对不锈钢板表面的钝化膜采取保护措施，以免铁锈和氧化物对不锈钢表面而产生腐蚀。(√)
22. 由4根角钢组成的矩形风管法兰，其中2根等于风管的小边长，另2根均等于风管的大边长加1个角钢宽度。(×)
23. 矩形法兰两个对角线的长度偏差不得大于3mm。(×)
24. 风管直径或长边大于400mm时，支吊架间距不应大于4m。(×)
25. 焊接是金属板材连接的主要方式之一，其中角缝用于矩形风管或管件的纵向闭合缝或矩形弯头、三通的转角缝。(√)
26. 当圆形风管（不包括螺旋风管）直径大于或等于1000mm，且其管段长度大于1500mm时，均应采取加固措施。(×)
27. 矩形风管边长大于630mm、保温风管边长大于800mm，管段长度大于1250mm时，应采取加固措施。(√)
28. 一般通风空调系统属于中、低压系统，工作压力$P \leqslant 1500$Pa(√)
29. 无机玻璃钢风管水平安装，边长小于或等于600mm时，支吊架间距应小于或等于4m。(×)
30. 洁净风管板材的画线应在风管制成以后的外面进行，以保护风管内面的镀锌层。(√)
31. 洁净风管边长小于1000mm时，不允许有纵向接缝。(×)
32. 风管支吊架宜设置在风口、阀门、检查门及自控机构处，距离宜小于200mm。(×)
33. 洁净风管法兰垫料可以使用橡胶板、闭孔海绵橡胶板，不得使用乳胶海绵以及石棉绳、厚纸板、石棉橡胶板、铅油麻丝及油毡纸等易产尘材料。(√)
34. 当水平悬吊的主干风管长度超过20m时，应设置1~2个防止晃动的固定支架。(√)
35. 在通风空调系统中，为防止通风机停止运转后气流倒流，常用止回阀。在正常情况下，通风机开动后，阀板在风压作用

下会自动打开，通风机停止运转后，阀板自动关闭。(√)

36. 柔性短管一般用于风管与设备（如风机）的连接，也可以作为异径管使用。(×)

37. 建筑结构上预留的风管孔洞应大于风管外边尺寸 200mm 以上。(×)

38. 风管支吊架的型式和规格可按有关标准图集或规范要求选用，直径或边长大于 2000mm 超宽、超重特殊风管支、吊架应按或边长设计制作和安装。(√)

39. 垂直风管安装，支架间距不应大于 3m，每根立管至少应有 1 个固定点。(×)

40. 风管干管上有较长的支管时，在支管距干管 1.2m 范围内应设置支吊架。(√)

41. 风管与通风机、空调器及其他振动设备连接处，应设置支架，以免设备承受风管的重量。(×)

42. 安装后的通风机，叶轮旋转后每次均应停留在同一位置上。(×)

43. 在风管穿楼板和穿屋面处，应加固定支架，具体做法如设计无要求时，可参照标准图集。(√)

44. 保温风管绝热层采用保温钉与风管固定，是最常用的绝热形式。保温钉与风管及设备表面应粘接牢固，长度应能穿过并适度压紧绝热层及固定压片。(√)

45. 当设计无规定时，靠墙或靠柱安装的水平风管宜采用悬臂支架或斜撑支架；不靠墙、柱安装的水平风管宜用横担托底吊架。(√)

46. 风管水平安装时，吊杆与矩形风管侧面的距离不宜大于 100mm，吊杆距风管末端不应大于 1.5m。(×)

47. 水平风管的弯管在 500mm 范围内应设置一个支架。(√)

48. 保温风管与支、吊架接触处应垫木块隔热，木块长度为 100mm，宽度与支、吊架型钢相同，高度应比保温层厚度大 5mm，并做沥青防腐处理。(√)

49. 安装在风管中的电加热前后 500mm 范围内的风管绝热层应使用不燃材料。(×)
50. 风机试运转时，初次启动后应立即停止运转，检查叶轮与机壳有无摩擦和不正常的声音，叶轮的旋转方向应与机壳上箭头所示的方向一致。(√)
51. 水泵连续运转 2h 后，滑动轴承外壳最高温度不得超过 60℃，滚动轴承不得超过 65℃。(×)
52. 通风空调系统总风量调试结果与设计风量的偏差不应大于 15%。(×)
53. 红丹、铁红类底漆、防锈漆只适用于涂刷黑色金属表面，而不适用于涂刷在铝、锌类金属表面。(√)
54. 不锈钢钢板风管和配件制作，板材厚度小于等于 0.7mm 适用于咬口连接。(×)
55. 风管的管段长度，应按现场的实测需要和板材规格来决定，一般可接至 5~6m 设一副法兰。(×)
56. 转角咬口适用于低、中、高压矩形风管系统中风管和配件四角的咬口。(√)
57. 除尘系统三通应设在渐缩管处，其夹角最好不小于 30°。(×)
58. 风管咬口宽度应根据板材厚度和咬口机械的性能而确定，一般情况下，板材厚度 0.5~1.0mm 时，立咬口、角咬口的宽度为 7~8mm。(√)
59. 风管较厚时如采用铆钉连接，铆钉之间的间距一般应为 100~130mm。(×)
60. 风管与法兰连接时，风管翻边应平整，紧贴法兰，宽度一致，且不应小于 6mm，咬缝与四角处不应有开裂与孔洞。(√)
61. 当剪板机剪切金属板厚度小于 2.5mm 时，刀片刃口之间的空隙为 0.1mm。(√)
62. 矩形非保温风管边长大于 630mm、保温风管边长大于

800mm，管段长度大于1500mm时，均应采取加固措施。（×）

63. 风管与法兰连接，如采用翻边，翻边尺寸应为6～9mm，翻边应平整。（√）
64. 铸铁的含碳量一般为1.2%～2.2%。（×）
65. 矩形法兰的内径、内边尺寸允许偏差均为正偏差，即比设计的风管外径尺寸大2～3mm。（√）
66. 强度的单位是Pa，1Pa＝1N/m^2。（√）
67. 低碳钢的含碳量在0.25%以下。（√）
68. 当圆形风管（不包括螺旋风管）直径大于或等于800mm，且其管段长度大于800mm，均应采取加固措施。（×）
69. 矩形风管边长大于等于1000mm，且长度大于1250mm的风管应采取加固措施。（×）
70. 当圆形风管（不包括螺旋风管）直径大于或等于800mm，且其管段长度大于1250mm或管段总表面积大于4m^2时，均应采取加固措施。（√）
71. 矩形风管的纵向加固应采用立咬口，立咬口高度应大于或等于25mm。（√）
72. 圆形薄钢板风管直径（D）为$630<D\leqslant1250$mm时，其法兰应采用∟40×40×4角钢制作。（×）
73. 薄钢板矩形风管大边长b为1250mm时，法兰应采用∟30×30×3角钢制作。（√）
74. 焊接是风管金属板材连接的方式之一，其中角缝用于矩形风管或管件的纵向闭合缝或矩形弯头、三通的转角缝。（√）
75. 矩形风口制作的两对角线之差不应大于1.5mm。（×）
76. 除特殊要求外，洁净室温度宜采用18～26℃。（√）
77. 矩形风管边长大于630mm、保温风管边长大于800mm，管段长度大于1400mm时，应采取加固措施。（×）
78. 弯头咬口机加工钢板的最大厚度为2mm。（√）
79. 直径小于等于140mm的圆形薄钢板风管法兰用料是－20×4

扁钢。(√)

80. 圆形薄钢板风管直径为 $1250 < D \leq 2000$mm 时，法兰应采用 ∟ 30×30×4 角钢制作。(×)

81. 薄钢板风管的厚度一般小于或等于 1.2mm 时应采用咬口连接；板厚大于 1.2mm 时，宜采用焊接连接。(√)

82. 镀锌薄钢板风管，板厚小于或等于 1.2mm 时，采用咬口连接；板厚大于 1.2mm 时宜采用铆钉连接。(√)

83. 薄钢板风管采用铆接连接时，应根据板厚来选择铆钉直径，铆钉直径一般为板厚的 2 倍，但不得小于 4mm。(×)

84. 薄钢板风管采用铆接连接时，铆钉长度 L 可按直径的 2~3 倍选用，或 $L = 2s +$ (1.5~2) d。式中，s 为薄钢板厚度，d 为铆钉直径。(√)

85. 薄钢板风管采用铆接连接时，铆钉孔直径只能比铆钉直径大 0.4mm，不宜过大。(×)

86. 薄钢板风管拉铆连接常用于只有在一面操作，不能内外操作的场合，例如在风管上开三通、开风口，只能在风管外面操作，因而采用拉铆。拉铆枪是通风工进行铆接操作的常用工具，有手动拉铆枪和电动拉铆枪。(√)

87. 对薄钢板板材上的长焊缝，如采用连续的直通焊法，将会产生较大的变形。在可能的情况下，应将连续焊接改成断续焊接，即可减少焊缝产生的变形，也可以采用不同的焊接方向和顺序，使局部焊缝变形减小或相互抵消。(√)

88. 薄钢板风管板材的拼接，每张板只能有一个十字交叉拼接缝。(×)

89. 薄钢板风管与法兰采用焊接连接时，风管端面不得高于法兰接口平面。除尘系统的风管，宜采用内侧满焊、外侧间断焊形式，风管端面距法兰接口平面不应小于 5mm。(√)

90. 圆形薄钢板风管的制作应以外径为准，展开可直接在板材上画线，根据图纸给定的直径 D，管节长度 L，按风管的圆周长 πD 及 L 的尺寸作矩形，并应根据板厚和咬口方式留出咬

口裕量 M 和法兰翻边量（翻边量一般为 8 ~ 10mm）。（√）

91. 采用手工制作薄钢板风管时，一般当风管周长加咬口裕量总长度小于板宽时，设一个角咬口连接；板材宽度小于风管周长、大于 1/2 周长时，可设两个转角咬口连接；当风管周长更大时，可在风管四个边角，分别设四个角咬口连接。（√）
92. 当薄钢板圆形风管（不包括螺旋风管）直径大于或等于 900mm，且其管段长度大于 1000mm 时，应采取加固措施。（×）
93. 当薄钢板圆形风管（不包括螺旋风管）管段总表面积大于 $4m^2$ 时，应采取加固措施。（√）
94. 薄钢板矩形风管外加固型材的高度不宜大于风管法兰高度，且间隔应均匀对称，与风管的连接应牢固，螺栓或铆接点的间距不应大于 220mm。外加固框的四角处，应连接为一体。（√）
95. 在薄钢板矩形风管或弯头中部用角钢框加固，角钢规格可以略大于法兰的规格。（×）
96. 一般中、低压风管系统的法兰螺栓和铆钉的间距不应大于 180mm。（×）
97. 高压风管系统的法兰螺栓和铆钉的间距不应大于 120mm。（×）
98. 空气洁净系统法兰螺栓的间距不应大于 120mm，法兰铆钉间距不应大于 100mm。（√）
99. 薄钢板洁净风管制作时，风管底部的拼接不得有横向拼接缝。（√）
100. 洁净矩形风管底板的纵向接缝数量应符合以下规定：风管边长小于 900mm，不允许有纵向接缝；风管边长大于 900mm、小于或等于 1800mm 时，允许有一条纵向接缝；风管边长大于 1800mm 小于或等于 2600mm 时，允许有两条纵向接缝，拼接咬口缝应相互错开。（√）

1.3 简答题

1. 自然界中的空气是干空气还是湿空气？通风空调中提到的空气是指哪种空气？

答：自然界中的空气都是干空气和水蒸气的混合物，称为湿空气。通风空调工程中提到的空气，都是指湿空气，简称为空气。干空气主要是由氮、氧、二氧化碳和少量稀有气体（氦、氖、氩）组成，真正的干空气在自然界中是不存在的。

2. 空气的状态参数主要有哪些？

答：空气的状态参数主要有压力、温度、湿度、焓、湿球温度等。

3. 空气的状态参数压力表示什么意义？

答：空气虽然较轻，但还是有重量的。地球表面的大气层压在单位面积上的重量称为大气压力。根据规定，以地球纬度45°处，空气温度为0℃时测得的平均气压作为一个标准大气压，即物理大气压，其值为101325Pa。

4. 简述摄氏温标、华氏温标和开尔文的意义？

答：温度是衡量物质冷热程度的指标。国际上使用的有摄氏温标（℃）、华氏温标（℉）和开尔文（K）（即绝对温标）等。

在我国，工程上多用摄氏温标，单位为℃。英、美等国家采用华氏温标，单位为℉。华氏温标把纯水的冰点定为32℉，把纯水的沸点定为180℉。

开尔文又叫绝对温标或国际实用温标，是目前国际上通用的一种温标，用T表示，其单位符号为K。它是以－273℃作为计算的起点，将纯水在一个标准大气压下的冰点定为273K，沸点为373K，其间相差100K。

绝对温标与摄氏温标的关系为：

$$T = 273 + t$$

5. 简述空气湿度的意义？

答：湿度表示空气中水蒸气的含量，表示方法有：绝对湿度、含湿量和相对湿度。

绝对湿度是指在一立方米空气中含有水蒸气的重量称为空气的绝对湿度，用符号 γ_{qi}表示，单位是 g/m^3。

含湿量是指在湿空气中，与一千克干空气混合在一起的水蒸气的重量，用符号 d 表示，单位是：水气 g/kg 干空气。

相对湿度是指空气实际绝对湿度接近饱和绝对湿度的程度，即空气的绝对湿度（γ_{qi}）与同温度下饱和绝对湿度（γ_{bo}）的比值，用百分数表示：

$$\phi=\frac{\gamma_{qi}}{\gamma_{bo}}\times 100\%$$

6. 简述空气的焓的意义？

答：焓是指单位重量空气中所含有的总热量。在空调工程设计计算过程中，空气吸收或放出的热量用焓表示。焓用符号 i 表示，单位是 J/kg（焦耳/千克）。

7. 简述湿球温度。

答：干球温度与湿球温度之差叫做干湿球温度差，它的大小与被测空气的相对湿度有关。空气越干燥干湿球温度差也就越大；反之，相对湿度越大，干湿球温度差越小。若是空气湿度达到饱和，则干湿球温度差等于零。已知干湿球温度计读数后，通过查表或计算，即可求得空气的相对湿度。

8. 什么叫通风？什么叫空气调节？

答：通风就是把含有有害物质的污浊空气从室内排出去，将符合卫生要求的新鲜空气送进来，以保持适合于人们生产和生活的空气环境。

空气调节简称空调，就是采用人工的方法，创造和保持满足一定要求的空气环境。

9. 什么是机械通风？它的特点是什么？

答：机械通风依靠风机产生的风压（正压或负压），借助通风管网进行室内外空气交换的。机械通风的特点是动力强，能控制风量，使对空气进行加热、冷却、加湿、干燥、净化等处理过程的设备用风管联接起来，组成一个机械通风系统，把经过处理达到一定质量的空气送到一定地点。

机械通风的特点是可以向房间的任何地方，供给一定数量新鲜的用适当方法处理过的空气，也可以从房间任何地方以要求的速度排出一定数量的污浊空气。

10. 通风空调施工图由哪些图组成?

答：通风空调施工图由基本图（包括平面图、剖面图及轴测图），详图（大样图）、节点图及文字说明组成。

11. 什么叫做剖面图?

答：为了反映风管的真实形状、配件或机器的内部结构，可以用一个假想的剖切面把需要的部位切开，并把处在人和剖切平面之间的物体移开，再把剩下的物体进行投影，所得到的图就叫做剖面图。

12. 什么是轴测图？通风轴测图的基本原理和作图方法是怎样的?

答：根据投影原理绘制的平面投影图称为轴测图，俗称立体图。通风系统轴测图多采用斜等测图，有单线和双线两种。单线系统轴测图用单线表示管道，但对通风机、吸气罩等设备，要画出其简单示意性外形。双线系统轴测图是把整个系统的设备、管道及配件都用轴测投影的方法画成有立体形象的系统图。

13. 绘制通风空调系统加工草图的目的是什么?

答：在通风空调工程施工图中，虽然标明了通风系统的位置、标高、风管形状和管径，但除了一部分标准部件可按暖通国家标准图制作外，其他通风管道配件的具体尺寸，如风管的长度、三通或四通的高度及夹角，弯头的曲率半径和角度等，均不能在施工图上确切地表达出来。因此，为了将施工图变为现实，还需要根据施工图已知条件，经实际测绘和分析计算，绘出加工安装草图，以确定管道、配件的具体加工尺寸，供加工厂制作和现场组装之用。

14. 看施工图有哪些注意事项?

答：①看图必须由大到小，由粗到细；②仔细看阅图中的附注或说明；③认真弄通图中表示各种物体的符号——图例；④看图应仔细耐心，认真核对图上的有关资料和数字；⑤要注意尺寸及单位。

15. 通风工程如何按系统应用范围进行分类?

答：通风工程按系统应用范围可分为全面通风和局部通风。全面通风可以分为自然通风或机械通风，其中机械全面通风又分为全面排风、全面送风和全面送排风，空气调节系统也就是一种全面通风系统。局部通风又分为局部送风、局部排风和局部送排风。

16. 通风空调系统安装前的准备工作有哪些?

答：（1）认真熟悉图纸，核实标高、轴线、预留孔洞、预埋件等是否符合要求，与风管相连接的生产设备安装情况。

（2）根据现场实际工作量的大小和工期，组织劳动力。

（3）确定安装方法和安全措施。

（4）准备好安装辅助材料，如螺钉、垫料等。

（5）准备好安装所需要的工具。如活动扳手、旋具、钢锯、手锤、线坠、钢卷尺、水平尺、滑轮、麻绳、捯链、冲击电钻等。

17. 通风工常用的手工工具及加工机械有哪些?

答：手工工具有手工划针、划轨、钢板尺、样冲、直线剪、弯剪、铡刀剪、滚动剪、硬木质板段、硬质木槌、钢质方锤等。

常用加工机械有剪板机、剪板机、角钢切断机、咬口折边机、折方机、按扣式咬口折边机、插接式咬口机、圆弯头咬口合缝机、压箍机和压筋机、卷圆机、法兰成型机、液压铆接机等。

18. 通风工程中常用的金属板材有哪几种?

答：通风工程中常用的金属板材有普通薄钢板、镀锌钢板、不锈钢板、铝板及复合钢板。

19. 通风空调系统的主要部件有哪些?

答：有风口、阀门、风罩、风道、过滤器、进排气装置等。

20. 通风工程中常用的非金属板材有哪些?

答：主要有硬聚氯乙烯、无机玻璃钢、复合玻纤板、复合玻璃钢、FSC 不燃无机复合板等。

21. 何谓展开图法? 常用的展开法有几种?

答：所谓展开图法，是用作图的方法将金属板料所制作的通风管道或零件，按其表面的真实形状和大小，依次展开并摊在金属或非金属板材平面上的画图方法，亦叫放样。

常用的展开法有平行线展开法、放射线展开法、三角形展开法和直角梯形法等。

22. 简述圆风管与角钢法兰的组配。

答：当管壁厚度小于或等于 1.5mm 时，可用直径 4 ~ 5mm 铆钉，将法兰固定在管端并进行翻边。当管壁厚度大于 1.5mm 时，可不用翻边，应沿风管周边把法兰用电焊点焊。焊接时，先点焊几点，检查合格后，再进行端焊。为使法兰表面平整，风管的管端应缩进法兰 4 ~ 5mm。

23. 简述塑料风管加工制作的主要步骤。

答：板材检查→画线下料→切割→焊口处锉削或打磨坡口→加热成型→焊接→成品质量检查。

24. 空调工程如何按空气处理设备的设置进行分类?

答：空调系统按空气处理设备设置情况分为：集中式空调系统，局部式空调系统和混合式空调系统。

25. 风管及部件法兰连接的常用衬垫材料有哪几种?

答：常用垫料有橡胶板、乳胶海绵板、闭孔海绵橡胶板、软聚氯乙烯塑料板及新型的密封粘胶带等。

26. 简述咬口连接。

答：咬口连接是用折边法，把要相互连接的板材的板边折曲线钩状，然后相互钩挂咬合压紧。在可能情况下，应尽量采用咬接，咬口缝可以增加风管的刚度。咬口连接一般适用于厚度小于 1.2mm 的普通薄钢板和镀锌薄钢板。

27. 常见咬口形式有几种？

答：常见咬口形式有单咬口、立咬口、转角咬口、联合角咬口、按扣式咬口等。

28. 风管制作时，哪些情况下需要铆接？

答：当风管板材较厚，无法进行咬口或板材虽不厚但质地较脆而不能采用咬口连接时，需要使用铆接，另外，风管与角钢法兰或依附于风管的零部件的连接仍需使用铆接。

29. 简述圆风管的承插连接。

答：承插连接大致分为直接承插连接和带加强的承插连接，具体做法是将风管的一头比另一头尺寸做得稍大点，然后插入连接，用拉铆钉或自攻螺钉固定两节风管连接位置，在接口缝内、外涂抹密封胶，完成风管管段的连接。这种连接形式结构简单、省料，但接头刚度较差，仅用在断面较小的圆形风管上。

30. 简述矩形风管大边尺寸与型钢加固框的关系。

答：当风管大边尺寸为 630～800mm 时，可采用 -25×3 的扁钢做加固框；当风管大边尺寸为 800～1250mm 时，可采用∟ $25\times25\times4$ 的角钢做加固框；当风管大边尺寸为 1250～2000mm 时，可采用∟ $30\times30\times4$ 的角钢做加固框。

31. 简述如何制作不锈钢法兰。

答：制作不锈钢法兰，可将不锈钢板剪成条形扁钢，圆形法兰采用冷弯，矩形法兰按需要尺寸用 4 根条形扁钢拼合焊接。

32. 简述在现场或无切割机械时，少量硬聚氯乙烯塑料板的切割方法。

答：当工程量少或安装现场无条件进行机械切割时，可用普通木工锯或手板锯锯切板材。板材曲线的切割，可使用手提式小直径圆盘锯或长度为 300～400mm、齿数为每英寸 12 牙的鸡尾锯。锯切圆弧较小或在板内锯穿缝时，可用钢丝锯。

33. 通风工程中用的消声材料主要有哪些？

答：用于消声的材料主要有玻璃棉、泡沫塑料、卡普隆纤维、矿渣棉、玻璃纤维板、聚氯乙烯泡沫塑料和工业毛毡、木丝板、甘蔗板、加气混凝土、微孔吸声砖等多孔、松散的材料。

34. 通风空调工程中常用的垫料有哪些?

答：常用的垫料有橡胶板、乳胶海绵板、闭孔海绵橡胶板、软聚氯乙烯塑料板及新型的密封粘胶带等。耐酸橡胶板、石棉绳作为垫料只有在特殊情况下才使用。

35. 通风空调工程常用的阀门有哪些?

答：通风空调工程常用的阀门有：插板阀（平插阀、斜插阀、密闭阀等）、多叶调节阀（平行式、对开式等）、蝶阀、止回阀、防火阀、排烟阀、离心式风机启动阀等。

36. 简述折方机的性能、使用及维修保养。

答：性能适用于厚度4mm以下，宽度在2000mm以内的板材折方。

使用：（1）使用前，应使离合器、连杆等机件动作灵活，并经空负荷运转证明情况确实良好；（2）加工板长超过1m时，应由两人以上操作，以保证加工质量；（3）折方时，操作人员应互相照应，并与设备保持一定距离，以免被翻转的钢板击伤。

维修保养：使用前，机器所有油眼注满润滑油，工作完毕后切断电源，擦拭机床。

37. 简述对风管保温材料的要求，常用风管保温材料有哪些?

答：保温材料应具有较低的导热系数，质轻难燃，耐热性能稳定，吸湿性小，并易于成型等特点。

风管常用的保温材料有：玻璃棉及其制品、超细玻璃棉及其制品、岩棉及其制品。传统的保温材料虽然仍被许多资料引用，如矿渣棉、沥青矿棉毡、泡沫塑料、沥青蛭石板、甘蔗板、石棉泥等，但是已经很少使用了。

38. 起重吊装的基本方法有哪些?

答：起重吊装方法一般可分为撬重、点移、滑动、滚动、卷拉、抬重、顶重和吊重等基本方法，在实际工作中，往往是几种方法相机运用。

39. 简述通风工安全技术操作规程的主要内容。

答：通风工安全技术操作规程没有国家或行业发布的版本，大多是企业自行制订。安全技术操作规程不可能面面俱到，篇幅也不能太长。下面提供一个较好的版本，读者可根据企业和地区的情况采用。

通风工安全技术操作规程

（1）操作用火时应清除周围易燃物，配足消防器材，应由专人看火和防火设施。

（2）下料所裁下的薄钢板边角余料，应随时清理并堆放指定地点，必须做到活完料净场地清。

（3）操作前应检查所用的工具，特别是锤柄与锤头的安装必须牢固可靠。活扳手的控制螺栓失灵或活动钳口受力后打滑和歪斜，不得使用。

（4）操作使用錾子剔法兰或剔墙眼应戴防护眼镜。錾子毛刺应及时清理掉。

（5）使用工作机械操作时，应遵守相应安全操作规程。

（6）在风管内操作铆法兰及腰箍冲眼时，管内外操作人员应配合一致，里面的人面部必须避开冲孔。

（7）人力搬抬风管和设备时，必须注意路面上的孔、洞、沟、坑和其他障碍物。通道上部如有人施工，通过时应先停止作业，两人以上操作要统一指挥，互相呼应。抬设备或风管时应轻起慢落，严禁任意抛扔。往脚手架或操作平台搬运风管和设备时，不得超过脚手架或操作平台允许荷载。在楼梯上抬运风管时，应步调一致，前后呼应，应避免跌倒或碰伤。

（8）搬抬钢板必须戴手套，并应用破布或其他物品垫好。

（9）安装使用的脚手架，使用前必须经检查验收，合格后方可使用。非架子工不得任意拆改。使用高凳或高梯作业，底部应有防滑措施并有人扶梯监护。

（10）楼板洞口安装风管时，在开启风管的预留洞口的钢筋网或安全防护盖板前，应向总承包单位提出申请，办理洞口使用交接手续后，方可拆除。操作完毕，应将预留洞口安全防护盖板恢复好，盖严盖牢。

(11) 在斜坡屋面安装风管、风帽时，操作人员应系好安全带，并用索具将风管固定好，待安装完毕后方可拆除索具。

(12) 吊顶内安装风管，必须在龙骨上铺设脚手板，两端必须固定，严禁在龙骨、顶板上行走。

(13) 安装玻璃棉及消声、保温材料时，操作人员必须戴口罩、风帽、风镜、薄膜手套，穿丝绸料工作服。作业完毕可洗热水澡冲净。

40. 简述脚手架的基本要求。

答：(1) 牢固：有足够的坚固性与稳定性，能保证使用荷载及各种气候条件下不变形、不倾斜、不摇晃、不损坏。

(2) 适用：有足够的面积满足工人操作、材料堆放及施工机械使用的需要。

(3) 方便：构造标准化，装拆方便。

1.4 计算题

1. 某班组加工法兰，总计136件，其中不合格品3件，求合格率是多少？

解：

合格率是：$\frac{136-3}{136}\times100\% = 97.79\%$

答：合格率是97.79%

2. 举例说明薄钢板重量的简易算法。（钢的密度是7.85，即$7.85kg/dm^3$）

解：

例如，一张1000mm×2000mm×1.5mm规格的钢板，其面积是$2m^2$，厚度是1.5mm，重量就是：

$$2 \times 1.5 \times 7.85 = 23.55\text{kg}$$

答：略。

3. 当空气温度为35℃时，其绝对温度 T 是多少？

解：

当空气温度为35℃时，其绝对温度 T 为：

$$T = 273 + 35 = 308\text{K}$$

答：绝对温度是308K。

4. 室内某温度下的水蒸气分压力 p_q 为6000Pa，同温度下饱和水蒸气分压力 p_q^b 为7500Pa，求相对湿度 φ 是多少？

解：

$$\varphi = \frac{p_q}{p_q^b} \times 100\% = \frac{6000}{7500} \times 100\% = 80\%$$

答：相对湿度是80%。

5. 什么是空气的相对湿度？

解：空气的相对湿度，就是指空气实际绝对湿度接近饱和绝对湿度的程度，即空气的绝对湿度（γ_{qi}）与同温度下饱和绝对湿度（γ_{bo}）的比值，用百分数表示：

$$\phi = \frac{\gamma_{qi}}{\gamma_{bo}} 100\%$$

答：略。

6. 某矩形薄钢板风管的尺寸为1200mm×600mm，使用∟30×30×3规格的角钢做法兰，求制作一对法兰的角钢重量是多少？（∟30×30×3角钢的理论重量为1.373kg/m）。

解：提示：应考虑到法兰尺寸应比风管大2～3mm和四角的搭接长度。

取法兰尺寸应比风管大3mm，制作一对法兰的角钢重量为：

$$[2 \times (1.2 + 0.003) + 2 \times (0.6 + 0.003) + 4 \times 0.03]$$
$$\times 2 \times 1.373 = 10.25\text{kg}$$

答：制作一对法兰的角钢重量是10.25kg

7. 一节钢板圆风管外径为 $\phi 600$，板厚 $\delta = 3\text{mm}$，长度为

1800mm，请计算其净展开面积 S 及理论重量 W。

解：计算钢板圆风管面积时采用中径，因此：

$$S = 0.597 \times \pi \times 1.8 = 3.376\text{m}^2$$

$$W = 3.376 \times 3 \times 7.85 = 79.5\text{kg}$$

答：净展开面积是 3.37m²，理论重量为 79.5kg。

8. 第 8 题图所示为内外弧形方管弯头，方管边长 a = 400mm，弯曲半径 $R = a$，起弯点处接口长度 c 为 50mm，求方管弯头的展开净面积 S。

解：
$$S = 4R \times \frac{\pi a}{2} + 8ac = 1.18\text{m}^2$$

答：方管弯头的展开净面积为 1.18m²。

9. 求第 9 题图所示方管弯头的展开净面积 S。

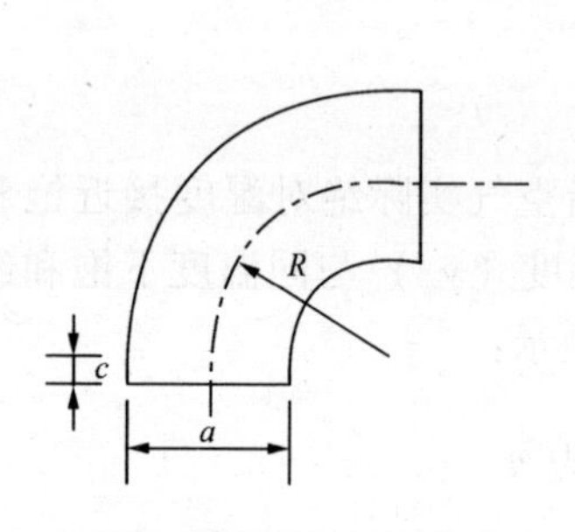

b
a
a=200
b=400

第 8 题图　内外弧形方管弯头　　　　第 9 题图　方管弯头

解：$S = (a + b) \times 6a$

$$= (0.2 + 0.4) \times 1.2$$

$$= 0.72\text{m}^2$$

答：展开净面积为 0.72m²。

10. 已知方形大小头的大口尺寸为 400mm × 400mm，小口尺寸为 200mm × 200mm，请计算其展开净面积 S。

解：$S = (0.2 + 0.4) \times \sqrt{(\frac{0.4 - 0.2}{2})^2 + 0.4^2} \times 2 = 0.5\text{m}^2$

答：展开面积为 0.5m²。

1.5 作图题

1. 请用作图法对第 1 题图所示直线 AB 进行 5 等份。

解：如第 1 题图所示，作直线 AC，可与已知直线 AB 呈任意角度，再在 AC 上截取 1′、2′、3′、4′、5′共 5 等份，连接 5′B，再从 AC 上各截取点 1′、2′、3′、4′，作 5′B 的平行线，得出 1、2、3、4、5 各点，这样直线 AB 即被 5 等份。

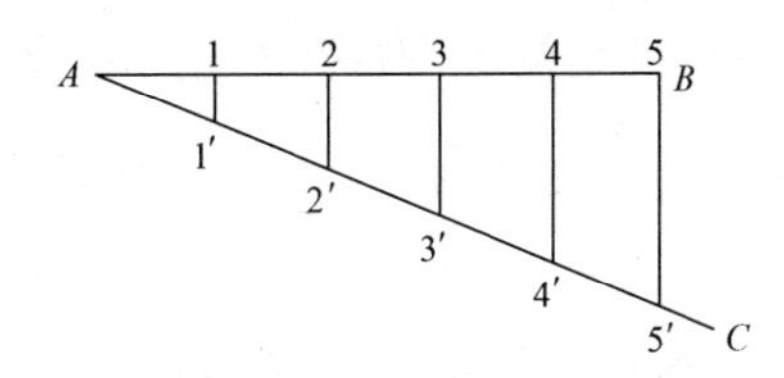

第 1 题图　直线 5 等份

2. 用三规法作直角线。

解：在展开放样中，直角线通常是用来检验钢板材料是否规矩（俗称规方），以及检验所画的垂直线和角度是否正确，作直角线常用的方法有半圆法、三规法、勾股弦法。

用三规法作直角线的方法如下：

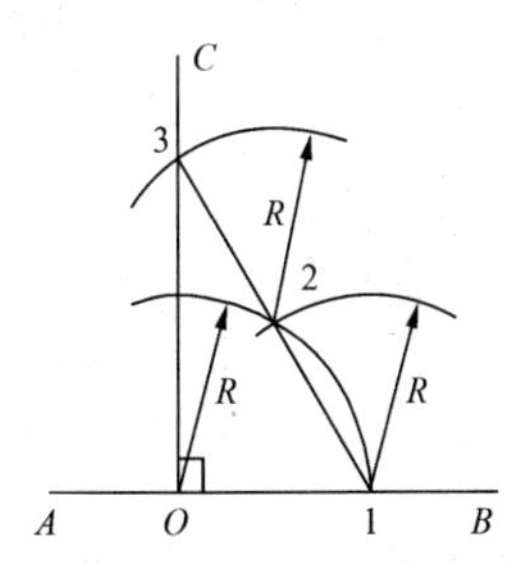

第 2 题图　三规法作直角线

如第 2 题图所示，以直线 AB 的任意点 O 为圆心，以任意长为半径，作圆弧找出1点，以1-O为半径，分别以1、O两点为圆心，作弧交于2点，连接1、2两点并延长，在此线上取2-3等于1-2，得出点3，连接O、3两点并延长得OC线，此线与AB线垂直，即构成直角线。

3. 咬口连接是用折边法，把要相互连接的板材的板边折曲成钩状，然后相互钩挂咬合压紧。咬口连接可以增加风管的刚度。咬口连接一般适用于厚度小于1.2mm的普通薄钢板和镀锌薄钢板。请画出单咬口不同的结构形式。

解：单咬口不同的结构形式如第3题图所示：

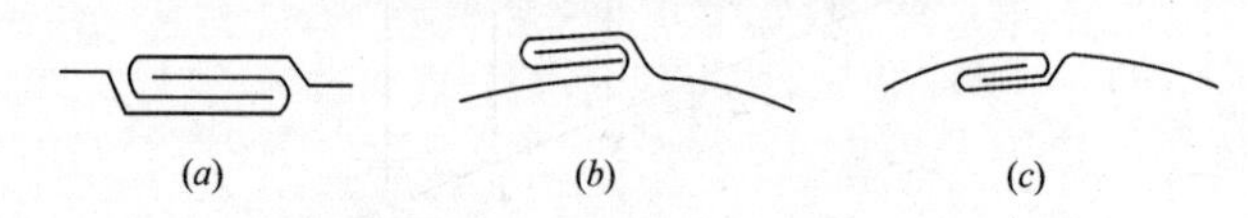

第3题图　单咬口的结构形式

（a）普通单咬口；（b）内平单咬口；（c）外平单咬口

4. 第4题图中，已给出方管过渡接头的立体图（a），请画出其主视图和俯视图（b）。

解：

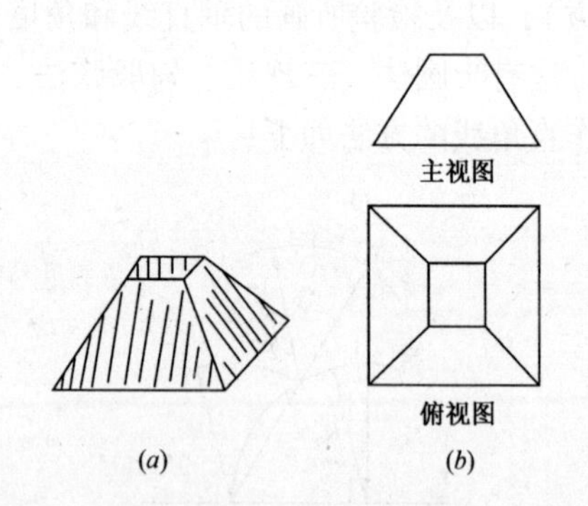

第4题图　方管过渡接头

（a）立体图；（b）主视图、俯视图

5. 请画出圆形直角弯头的展开图。

解：圆形直角弯头的展开图的展开图画法如下：

（1）先画出圆形直角弯头的主视图和俯视图，俯视图可以只画成半圆，见第 5 题图。

（2）将俯视图的圆周 12 等份，即半圆 6 等份（等份越多越精确），得等份点 1、2、3……7。

（3）通过各等份点向上引主视图中心线的平行线，并与斜口线相交。

（4）将主视图的圆周展开，也分为 12 等份，并通过等份点作垂直线，与主视图斜口各点引出的平行线相交，用圆滑曲线连接各相交点，就完成了展开图。

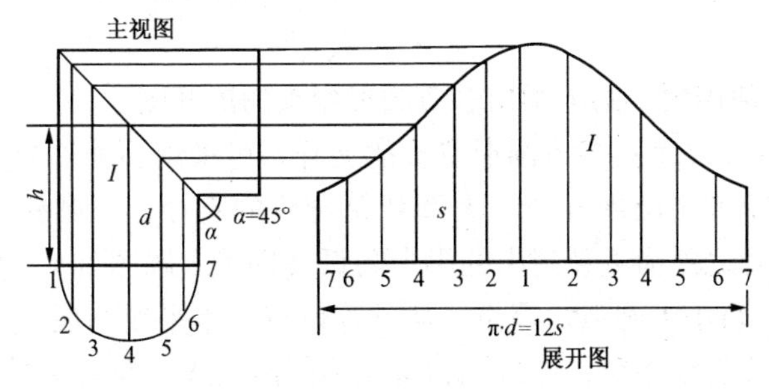

第 5 题图　圆形直角弯头的展开

6. 请画出洁净空调系统法兰垫片的接头形式。

解：法兰垫片应尽量减少拼接，并不允许直缝对接连接，接头应采用梯形或榫形方式，如第 6 题图所示，并应涂胶粘牢。

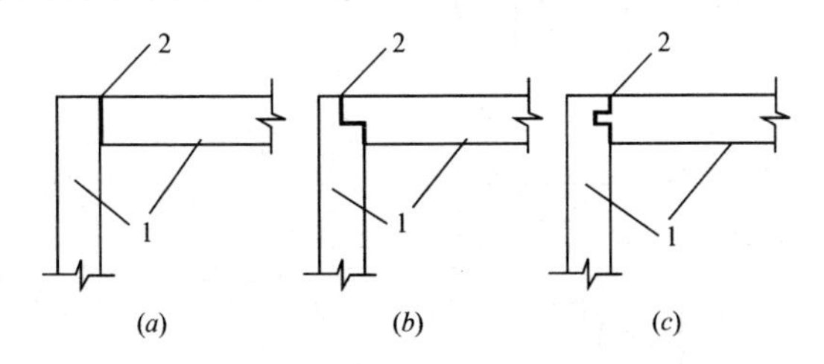

第 6 题图　法兰密封垫片接头形式

（a）不允许直缝对接；（b）梯形对接；（c）榫形对接

1—密封垫；2—密封胶

7. 焊接是板材连接的主要方式之一，请画出对接缝和角缝的构造形式。

解：对接缝和角缝的构造形式如第 7 题图所示。

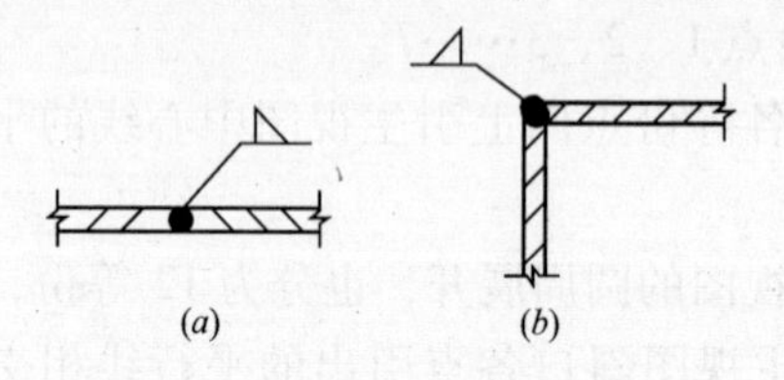

第 7 题图　对接缝和角缝的构造形式

（*a*）对接缝；（*b*）角缝

8. 请用大小圆法画出多节圆形弯头的展开图。

解：（提示：多节圆形弯头的展开，可采用一种称为大小圆法的简单方法画展开图。大圆就是弯头的直径，小圆就是弯头的里、背之差为直径划出的小半圆弧（即第 8 题图（*b*）右侧小半圆），将小半圆弧六等份，从各等份点引水平线与展开图底边各垂直等份线相交，连接各相交点为圆滑曲线，即为展开图）。

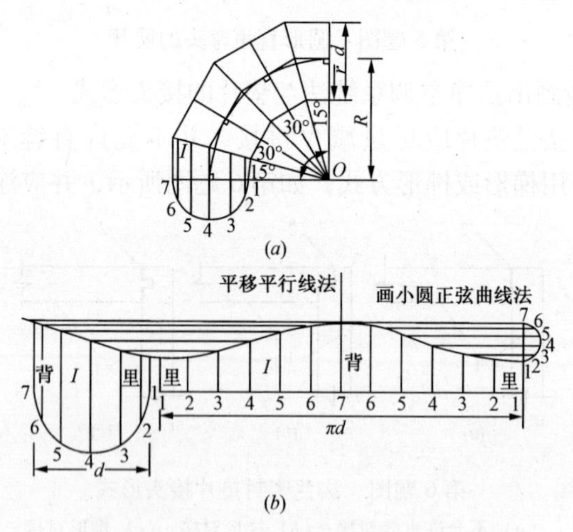

第 8 题图　大小圆法展开弯头

（*a*）分节主视图；（*b*）大小圆法展开端节

1.6 实际操作题

1. 请确定表1中的“中、低压系统”栏风管及“除尘系统风管”栏的板材厚度

（提示：表1中给出“高压系统”栏矩形风管板材厚度供做题时参考；表2为《通风管道技术规程》JGJ 141—2004的规定）。

矩形风管的板材厚度（mm） **表1**

风管长边尺寸 b	矩形风管		除尘系统风管
	中、低压系统	高压系统	
$b \leqslant 320$		0.75	
$320 < b \leqslant 450$		0.75	
$450 < b \leqslant 630$		0.75	
$630 < b \leqslant 1000$		1.0	
$1000 < b \leqslant 1250$		1.0	
$1250 < b \leqslant 2000$		1.2	按设计
$2000 < b \leqslant 4000$		按设计	

矩形风管的板材厚度（mm） **表2**

风管长边尺寸 b	矩形风管		除尘系统风管
	中、低压系统	高压系统	
$b \leqslant 320$	0.5	0.75	1.5
$320 < b \leqslant 450$	0.6	0.75	1.5
$450 < b \leqslant 630$	0.6	0.75	2.0
$630 < b \leqslant 1000$	0.75	1.0	2.0
$1000 < b \leqslant 1250$	1.0	1.0	2.0
$1250 < b \leqslant 2000$	1.0	1.2	按设计
$2000 < b \leqslant 4000$	1.2	按设计	

2. 圆管大小头制作

已知 $D=450$mm，$d=280$mm，$h=300$mm，$\delta=0.75$mm。

圆管大小头制作考核内容及评分标准　　表1

序号	测定项目	评分标准	标准分	得分
1	D	$-3\sim0$mm，如超出本项无分	20	
2	d	$-2\sim0$mm，如超出本项无分	20	
3	h	$\leqslant2$mm；如超出本项无分	20	
4	咬口外观质量	由考评者确定	20	
5	安全	操作过程无安全事故	10	
6	工效	由考评者确定	10	
	合计		100	

3. 90°等径圆管弯头制作

已知 $D=300$mm，$R=1.25D$，$\delta=0.75$mm，三中节二端节。

90°等径圆管弯头制作考核内容及评分标准　　表1

序号	测定项目	评分标准	标准分	得分
1	D—1	$-2\sim0$mm，如超出本项无分	10	
2	D—2	$-2\sim0$mm，如超出本项无分	10	
3	R	$\leqslant2$mm；如超出本项无分	10	
4	直角	$<2°$，如$\geqslant3°$本项无分	10	
5	节数	节数不符合，规定本项无分	15	
6	咬口外观质量	由考评者确定	20	
7	安全	操作过程无安全事故	10	
8	工效	由考评者确定	15	
	合计		100	

4. 正天圆地方制作

已知 $A=300\text{mm}\times300\text{mm}$, $D=200\text{mm}$, $H=300\text{mm}$, $\delta=0.75\text{mm}$。

正天圆地方制作考核内容及评分标准　　表1

序号	测定项目	评分标准	标准分	得分
1	A	$-2\sim0$mm，如超出 ±3mm，本项无分	15	
2	D	$-2\sim0$mm，如超出 ±3mm，本项无分	15	
3	H	$\leqslant2$mm；如 $\geqslant\pm4$mm，本项无分	10	
4	中心度	<2mm，如 $\geqslant\pm5$mm，本项无分	15	
5	咬口外观质量	由考评者确定	20	
6	安全	操作过程无安全事故	10	
7	工效	由考评者确定	15	
	合计		100	

5. 圆管异径正三通制作

已知主管 $D=300$mm，支管 $d=200$mm，主管长度 $L=600+20$（mm），支管长度 $l=200+20$mm，$\delta=0.75$mm。

圆管异径正三通制作考核内容及评分标准　　表1

序号	测定项目	评分标准	标准分	得分
1	D	$-2\sim0$mm，如超出 ±3mm，本项无分	15	
2	d	$-2\sim0$mm，如超出 ±3mm，本项无分	15	
3	L	$\leqslant3$mm；如 $\geqslant\pm4$mm，本项无分	10	
4	l	$\leqslant3$mm；如 $\geqslant\pm4$mm，本项无分	5	
5	直角	$<1°$，如 $\geqslant3°$，本项无分	10	
6	咬口外观质量	由考评者确定	20	
7	安全	操作过程无安全事故	10	
8	工效	由考评者确定	15	
	合计		100	

第二部分　中级通风工

2.1　选择题

1. 幅面代号 A_0 的图纸 $B \times L$ 上的尺寸为（A）mm。

A. 841×1189　B. 594×841　C. 420×594　D. 297×420

2. 槽边吸气罩当槽宽小于（A）mm 时，宜用单侧吸气。

A. 700　B. 900　C. 1200　D. 1500

3. 喷雾风扇喷出的水滴直径最好小于（D）μm。

A. 90　B. 80　C. 70　D. 60

4. 真空度小于（A）kPa 的吸送式系统称为低压吸送式系统。

A. 9.8　B. 19.8　C. 29.8　D. 39.8

5. 绝对温度 $T=$（B）$+t$。

A. 283　B. 273　C. 263　D. 253

6. 0℃时水的汽化热为（B）kJ/kg。

A. 2400　B. 2500　C. 2600　D. 2700

7. 水蒸气的比热为（C）kJ/（kg·K）。

A. 1.64　B. 1.74　C. 1.84　D. 1.94

8. 平、剖面图中各设备、部件等，宜标注（C）。

A. 尺寸　B. 标高　C. 编号　D. 房间名称

9. 不锈钢钢板风管和配件制作，咬口连接适于的厚度是（B）mm 以下。

A. ≤0.8　B. ≤1.0　C. ≤1.2　D. ≤1.5

10. （A）适用于低、中、高压矩形风管系统中风管和配件四角的咬口。

A. 转角咬口、联合角咬口　　B. 单平咬口

C. 立咬口　　D. 按扣式咬口

11. 制作风管和部件时，咬口宽度应以板材厚度和咬口机械的性能而定，一般情况下，板材厚度0.5～1.0mm时，立咬口、角咬口的宽度为（C）mm。

A. 6～7　B. 5～7　C. 7～8　D. 9～10

12. 风管制作时如采用铆钉连接，铆钉之间的间距一般为（A）mm。

A. 40～100　B. 50～110　C. 60～120　D. 70～130

13. 铝的密度为（C）kg/dm^3。

A. 2.3　B. 2.5　C. 2.7　D. 2.9

14. 镀锌钢板风管，板厚小于或等于1.2mm，采用咬口连接，板厚大于1.2mm的应采用（D）。

A. 锡焊连接　B. 缝焊机焊接　C. 氩弧焊连接　D. 铆钉连接

15. 低碳钢的含碳量一般小于等于（D）%。

A. 0.10　B. 0.15　C. 0.20　D. 0.25

16. 当风管与法兰采用点焊固定连接时，焊点应融合良好，焊点间距不应大于（B）mm。

A. 50　B. 100　C. 80　D. 150

17. 矩形风口的两对角线之差应不大于（B）mm。

A. 3.5　B. 3　C. 2.5　D. 2

18. 风管与法兰采用铆接连接时，不应有脱铆和漏铆；风管翻边应平整，紧贴法兰，宽度一致，且不应小于（C）mm，咬缝与四角处不应有开裂与孔洞。

A. 4　B. 6　C. 8　D. 10

19. 风管的管段长度，应按现场的实测需要和板材规格来决定，一般可接至（A）m设一副法兰。

A. 3～4　B. 4～5　C. 5～6　D. $\not>3$

20. 表示计重浓度的单位为（A）。

A. mg/m^3　B. mg/dm^3　C. mg/cm^3　D. g/m^3

21. 当圆形风管（不包括螺旋风管）直径大于或等于 800mm，且其管段长度大于（C）mm，均应采取加固措施。

A. 800　B. 1000　C. 1250　D. 1500

22. 矩形非保温风管边长大于 630mm、保温风管边长大于 800mm，管段长度大于（C）mm 时，均应采取加固措施。

A. 800　B. 1000　C. 1250　D. 1500

23. 除尘系统三通应设在渐缩管处，其夹角最好小于（B）。

A. 20°　B. 30°　C. 45°　D. 60°

24. 矩形风管的纵向加固应采用立咬口，立咬口高度应大于或等于（D）mm。

A. 40　B. 20　C. 30　D. 25

25. 当圆形薄钢板风管直径（D）为：$630 < D \leqslant 1250$mm 时，法兰应采用（D）制作。

A. ∟25×25×3 角钢　B. -25×4 扁钢

C. ∟40×40×4 角钢　D. ∟30×30×3 角钢

26. 薄钢板矩形风管大边长 b 为 1250mm 时，法兰应采用（B）角钢制作。

A. ∟25×25×3　B. ∟30×30×3

C. ≤∟40×40×4　D. ∟50×50×5

27. 为了使法兰与风管组合时松紧适度，应保证法兰内径尺寸不超过偏差值。矩形法兰的内径、内边尺寸允许偏差均为正偏差，即比设计的风管外径尺寸大（A）mm。

A. 2~3　B. 3~4　C. 0~2　D. 1~2

28. 风管与角钢法兰连接，管壁厚度小于或等于（C）mm，可采用翻边铆接，铆接部位应在法兰外侧。

A. 0.8　B. 1.0　C. 1.5　D. 2.0

29. 当剪板机剪切金属板厚度 <2.5mm 时，刀片刃口之间的空隙为（B）mm。

A. 0.07　B. 0.1　C. 0.15　D. 0.20

30. 风管与法兰连接，如采用翻边，翻边尺寸应为（A）mm，翻边应平整。

A. 6 ~ 9　B. 7 ~ 10　C. ≤4 ~ 8　D. 5 ~ 10

31. 法兰内径尺寸不得大于允许误差，否则法兰不能很好地套接在风管上。当矩形风管边长尺寸在 500mm 以上时，风管法兰尺寸允许比风管大（B）mm。

A. 4　B. 3　C. 2　D. 5

32. 低碳钢的含碳量在（C）% 以下。

A. 0. 15　B. 0. 2　C. 0. 25　D. 0. 3

33. 焊接是金属板材连接的主要方式之一，其中（D）用于矩形风管或管件的纵向闭合缝或矩形弯头、三通的转角缝。

A. 搭接缝　B. 对接缝　C. 搭接角缝　D. 角缝

34. 当圆形风管（不包括螺旋风管）直径大于或等于 800mm，且其管段长度大于 1250mm 或管段总表面积大于（D）m^2 时，均应采取加固措施。

A. 8　B. 6　C. 5　D. 4

35. 矩形风口制作的两对角线之差不应大于（D）mm。

A. 1　B. 1. 5　C. 2　D. 3

36. 矩形风管边长大于 630mm、保温风管边长大于 800mm，管段长度大于（B）mm 时，应采取加固措施。

A. 1400　B. 1250　C. 1000　D. 900

37. 当圆形薄钢板风管直径为 $1250 < D \leq 2000$mm 时，法兰应采用（A）角钢制作。

A. ∟40 × 40 × 4　B. ∟50 × 50 × 5

C. ∟25 × 25 × 3　D. ∟30 × 30 × 4

38. 诱导式空调系统，静压箱上喷嘴的出口风速可达（D）m/s。

A. 5 ~ 10　B. 10 ~ 20　C. 30 ~ 40　D. 20 ~ 30

39.（C）K 的制冷技术为深度制冷。

A. 80 ~ 10　B. 100 ~ 15　C. 120 ~ 20　D. 150 ~ 300

40. 除特殊要求外，洁净室温度宜采用（C）℃。

A. 15 ~ 21　B. 16 ~ 23　C. 18 ~ 26　D. 20 ~ 29

41. 在工业上常用的金属表面氧化法，是人为地在钢件表面造成一层坚固的氧化膜是（D）。

A. FeO　B. FeO_2　C. Fe_2O_3　D. Fe_3O_4

42. 低碳钢的含碳量在（C）%以下。

A. 0.4　B. 0.3　C. 0.25　D. 0.2

43. 铸铁的含碳量一般为（C）%。

A. 0.8～1.2　B. 1.2～2.2　C. 2.2～3.8　D. 3.8～4.8

44. 矩形风管边长大于等于（A）mm，且长度大于1250mm的风管应采取加固措施。

A. 630　B. 800　C. 1000　D. 1200

45. 当矩形风管大边尺寸为800～1250mm时，可采用（B）的角钢做加固框。

A. ∟25×25×3　B. ∟25×25×4

C. ∟30×30×4　D. ∟30×30×5

46. R—22是（A）制冷剂。

A. 氟利昂　B. 氨　C. 溴化锂　D. 沸石

47. 直径小于等于140mm的圆形薄钢板风管法兰用料是（B）。

A. —20×3　B. —20×4

C. ∟25×25×3　D. ∟25×25×4

48. 不锈钢法兰热摵后应使法兰从（D）℃温度下浇水急冷，目的是防止不锈钢产生晶间腐蚀。

A. 800～900　B. 900～1000　C. 1000～1100　D. 1100～1200

49. 矩形法兰的两对角线之长应相等，其误差不得大于（C）mm。

A. 2　B. 2.5　C. 3　D. 3.5

50. 强度的单位是Pa，1Pa＝1（D）。

A. N/mm^2　B. N/cm^2　C. N/dm^2　D. N/m^2

51. 静电过滤器的接地电阻应在（C）Ω以下。

A. 2　B. 3　C. 4　D. 5

52. 叶轮风速仪的一般测量范围为（A）m/s。

A. 0.5 ~ 10　B. 1 ~ 15　C. 1.5 ~ 20　D. 2 ~ 25

53. 空气处理室中挡水板的片距为（A）mm。

A. 25 ~ 40　B. 30 ~ 50　C. 40 ~ 60　D. 50 ~ 70

54. 局部送风装置，在辐射强度小、空气温度一般不超过（C）℃的车间可采用风扇。

A. 31　B. 33　C. 35　D. 37

55. 粉尘的形状不规则，大小不一，而能长久悬浮在空气中的是（B）μm 以下的颗粒。

A. 0.15 ~ 40　B. 0.25 ~ 60　C. 0.3 ~ 70　D. 0.4 ~ 80

56. 根据国家规定，以纬度（C）处的海平面且全年平均气压作为一个标准大气压。

A. 15°　B. 30°　C. 45°　D. 60°

57. 制冷温度在 120K 以上称（A）制冷。

A. 普通　B. 深度　C. 低温　D. 超低温

58. 弯头咬口机加工钢板的最大厚度为（D）mm。

A. 1　B. 1.2　C. 1.5　D. 2

59. 分体式空调器的室内侧噪声在（B）dB 以下，符合国际标准化组织的规定。

A. 30　B. 40　C. 50　D. 60

60. 铁的线膨胀系数为（B）mm/（m · ℃）。

A. 10.76×10^{-3}　B. 11.76×10^{-3}

C. 10.76×10^{-6}　D. 11.76×1^{-6}

61. 矩形和圆形风管的纵向接缝都应错开（A）mm。

A. 40 ~ 200　B. 50 ~ 250　C. 30 ~ 150　D. 60 ~ 300

62. 排除含尘气体和毒气的排气罩，其扩散角最好不超过（C）。

A. 30°　B. 45°　C. 60°　D. 75°

63. 风管外径或外边长的允许偏差应按负偏差控制，当外径或外边长小于或等于 300mm 时为（C）mm；

A. −2　B. −3 ~ 0　C. −2 ~ 0　D. ±2

64. 圆形法兰任意正交两直径之差不应大于（B）mm。

A. 1　B. 2　C. 3　D. 4

65. 风管无法兰连接的插条连接适用于风速为 10m/s，风压为（B）Pa 以内的低速系统。

A. 400　B. 500　C. 800　D. 900

66. 矩形风管无法兰连接的平插条连接适用于长边小于（B）mm 的风管连接。

A. 360　B. 460　C. 630　D. 800

67. 当风管大边尺寸为 1250～2000mm 时，可采用（C）∟30×30×4 的角钢做加固框。

A. ∟25×25×3　B. ∟25×25×4

C. ∟30×30×4　D. ∟40×40×4

68. 风管无法兰连接的插条连接适用于风速为（C）m/s 以内，风压为 500Pa 以内的低速系统。

A. 5　B. 8　C. 10　D. 15

69. 矩形风管的内弧线和内斜线弯头的外边长≥（B）mm 时，为改善气流分布的均匀性，弯头应设导流片。

A. 400　B. 500　C. 600　D. 800

70. 通风管道法兰螺孔的互换允许偏差应小于（B）mm。

A. 0.5　B. 1　C. 1.5　D. 2

71. 防火阀易熔片的熔点温度与设计要求温度的允许偏差为（D）℃。

A. +1　B. −1　C. +2　D. −2

72. 在空气处理室中的导风板一般取（B）折。

A. 1～2　B. 2～3　C. 3～4　D. 1～3

73. 钢板冲压，当厚度小于（B）mm 时，应采用冷冲压。

A. 2　B. 4　C. 5　D. 6

74. 需要装订的图纸图框左边的装订边 a 为（D）mm。

A. 15　B. 10　C. 20　D. 25

75. 局部排风中，有边侧吸罩比无边侧吸罩可减少排风量（D）%。

A. 10　B. 15　C. 20　D. 25

76. 系统式局部送风的送风口称为喷头，最简单的喷头是圆柱形管，在管口装有扩张角（C）的扩散口，用以向下送风。

A. 3°~5°　B. 5°~7°　C. 6°~8°　D. 9°~12°

77. 在除尘技术中，常把粉尘按直径大小分为六组，直径（A）μm以上的粉尘，除尘器能除掉，故不再分组。

A. 60　B. 70　C. 80　D. 90

78. 一个标准大气压其值为（A）Pa。

A. 101325　B. 103360　C. 100000　D. 98600

79. 风管法兰表面应平整，不平整度不应大于（D）mm。

A. 0.5　B. 1　C. 1.5　D. 2

80. 折方机折方钢板（$\sigma \leqslant 470$MPa）的最大厚度为（C）mm。

A. 2　B. 2.5　C. 3　D. 4

81. 联合冲剪机截割钢板的最大厚度为（D）mm。

A. 6　B. 8　C. 10　D. 13

82. 除尘系统弯头的弯曲半径一般为（D）D。

A. 1~1.25　B. 1.25~1.5　C. 1.5~2　D. 2~2.5

83. 风机盘管用的冷冻水，通常取（B）℃。

A. 5　B. 7　C. 9　D. 11

84. 中碳钢的含碳量在（C）之间。

A. 0.15%~0.4%　B. 0.2%~0.5%

C. 0.25%~0.6%　D. 0.3%~0.7%

85. 风管加工的管段长度宜为（A）m。

A. 1.5~3　B. 1.8~4　C. 2~5　D. 2.5~5

86. 矩形金属风管制作，当大边大于300mm时，其允许偏差为（D）mm。

A. +1.5　B. −1.5　C. −2~0　D. −3~0

87. 在空气中的浓度小于或等于（D）g/m^3能引起爆炸的粉尘，称为具有爆炸危险的粉尘。

A. 35　B. 45　C. 55　D. 65

88. 矩形风管无法兰连接的角式插条适用于边长≥（C）mm 的风管。

A. 600　B. 800　C. 1000　D. 1200

89. 矩形弯头的导流片通过连接板用铆钉装配在弯头壁上，连接板铆孔间距约为（C）mm。

A. 100　B. 150　C. 200　D. 250

90. 一般中、低压风管系统的法兰螺栓和铆钉的间距不应大于（C）mm。

A. 100　B. 120　C. 150　D. 180

91. 圆形风口制作的任意正交两直径的允许偏差不应大于（B）mm。

A. 1. 5　B. 2　C. 2. 5　D. 3

92. 热弯不锈钢法兰时，必须注意加热温度要控制在（A）℃范围内，并在弯制后立即浇水急速冷却，以防止产生晶间腐蚀。

A. 1100 ~ 1200　B. 1200 ~ 1300　C. 1000 ~ 1100　D. 900 ~ 1000

93. 设在空气处理室中的导风板夹角一般取（C）。

A. 45° ~ 90°　B. 60° ~ 120°　C. 90° ~ 150°　D. 120° ~ 180°

94. 局部排风系统的槽边吸气罩，槽宽大于（A）mm 时，宜采用双侧吸气。

A. 700　B. 800　C. 900　D. 1000

95. 局部送风的旋转式喷头，也叫“巴图林”，这种喷头一般为（C）斜切的矩形管，在它的出口处装有许多导流叶片。

A. 15°　B. 30°　C. 45°　D. 60°

96. 空气洁净室保持必要的正压是（B）Pa。

A. 5 ~ 10　B. 10 ~ 20　C. 20 ~ 30　D. 30 ~ 40

97. 洁净系统风管直径或长边小于或等于（B）mm，宜选用厚度为 5mm 的闭孔海绵橡胶板作密封垫料。

A. 500　B. 630　C. 800　D. 1000

98. 折方机折方钢板的长度为（C）mm。

A. 1200　B. 1500　C. 2000　D. 2500

99. 风机盘管用的热水温度一般为（B）℃。

A. 50　B. 60　C. 70　D. 75

100. 碳素钢按含碳量的不同可分为低碳钢、中碳钢和高碳钢，高碳钢含碳量大于（A）%。

A. 0.35　B. 0.40　C. 0.50　D. 0.60

2.2 判断题

1. 干空气主要是由氮、氧、二氧化碳和少量稀有气体（氦、氖、氩）组成，一般情况下，干空气的组成比例基本不变。（√）
2. 地球表面大气层在单位面积上形成的压力称为大气压力。根据规定，以地球纬度0°处，空气温度为45℃时测得的平均气压作为一个标准大气压，即物理大气压。（×）
3. 英、美等一些国家采用华氏温标，单位为℉。华氏温标把纯水的冰点定为32 ℉，把纯水的沸点定为180 ℉。（√）
4. 绝对湿度是指空气实际绝对湿度接近饱和绝对湿度的程度，即空气的绝对湿度（γ_{qi}）与同温度下饱和绝对湿度（γ_{bo}）的比值，用百分数表示：（×）

$$\phi = \frac{\gamma_{qi}}{\gamma_{bo}} \times 100\%$$

5. 在主视图、俯视图、左视图（或右视图）3个视图中，每个视图都可以反映视图两个方面的尺寸。3个视图之间存在以下投影关系：主视图与俯视图：长对正；主视图与左视图：高平齐；俯视图与左视图：宽相等。（√）
6. 通风工程中常用的镀锌薄钢板俗称白铁皮，厚度为0.5～1.5mm，镀锌层厚度不应小于0.02mm，使用镀锌钢板卷板，对于加工制作风管和部件更为方便。镀锌薄钢板的表面应光滑洁净，且有热镀锌特有的结晶花纹。镀锌薄钢板不得有表面大面积白花、锌层粉化等严重损坏的现象。（√）
7. 焊接是板材连接的主要方式之一。制作风管及配件时，可根

据工程需要、工程量大小或装备条件，选用适当的焊接方法。常用的焊接方法有电焊、气焊、氩弧焊、点焊、缝焊以及锡焊。(√)

8. 为了防止风管制作时焊接变形，应对板材上的长焊缝采用连续的直通焊法。(×)
9. 圆形风管的制作尺寸应以内径为准，即设计图上标注的是风管的内径。(×)
10. 圆形风管的无法兰连接有承插连接、芯管连接（也称为插接式连接）、抱箍连接等多种形式。(√)
11. 机械咬口的矩形风管的纵向闭合缝，均设在风管的4个边角上，使风管有较高的机械强度。(√)
12. 矩形风管连接的允许最大间距，是指不同规格风管采用不同形式连接时，风管管段允许的最大长度。当风管管段长度超出此限时，应实施加固。(√)
13. 低压和中压矩形风管横向加固的允许最大间距应由风管边长和刚度等级要求确定，其中刚度等级分为G1～G4共4个等级。(×)
14. 当圆形薄钢板风管直径 $D \leqslant 360$mm 时，法兰应采用扁钢制作。(×)
15. 当圆形薄钢板风管直径（D）$630\text{mm} < D \leqslant 1250\text{mm}$ 时，法兰应采用∟40×40×4角钢制作。(×)
16. 为了使法兰与风管组合时松紧适度，应保证法兰内径尺寸不超过偏差值。圆形法兰的内径、内边尺寸允许偏差均为正偏差，即比设计的风管外径尺寸大2～3mm。(√)
17. 矩形法兰的四角必须有两角设螺栓孔。(×)
18. 柔性短管长度一般为150～250mm。当圆形或矩形法兰角钢∟30×30×4或∟36×36×4时，短管长度为200mm。(√)
19. 风管与角钢法兰连接，当管壁厚度大于1.5mm时，可采用翻边点焊或沿风管的周边满焊。(√)
20. 通风空调系统工作压力 $P \leqslant 800$Pa 为低压系统。(×)

21. 不锈钢板焊接前，应用汽油、丙酮等溶剂将焊缝区域的油脂清除干净。(√)
22. 焊接是金属板材连接的主要方式之一。在板材较薄时，接缝及角缝应采用搭接缝及搭接角缝。(√)
23. 当圆形风管（不包括螺旋风管）直径大于或等于 900mm，且其管段长度大于 1400mm 或管段总表面积大于 6m^2 时，均应采取加固措施。(×)
24. 与圆形风管相比，矩形风管容易变形。矩形风管边长大于 630mm、保温风管边长大于 800mm，管段长度大于 1250mm 时，应采取加固措施。(√)
25. 制作洁净风管时，风管边长大于 900mm 小于或等于 1800mm 时，允许有一条纵向接缝。(√)
26. 风口外形与设计尺寸的允许偏差不应大于2mm，矩形风口两对角线之差不应大于3mm，圆形风口应做到各部分圆弧均匀一致，任意正交两直径的允许偏差不应大于2mm。(√)
27. 风口垂直安装，垂直度的偏差不应大于5/1000。(×)
28. 通风空调中压系统的工作压力（P）是：$500\text{Pa} < P \leqslant 1500\text{Pa}$。(√)
29. 柔性短管长度一般为 150 ~ 250mm。当圆形或矩形法兰角钢∟40 ×40 ×4 时，短管长度为 250mm。(√)
30. 无机玻璃钢风管边长为 1600 ~ 2000mm 时，支吊架间距应小于或等于 2m。(√)
31. 无机玻璃钢风管边长为 1250 ~ 1500mm 时，支吊架间距应小于或等于 2m。(×)
32. 当宽度小于或等于 450mm 的复合玻纤板风管穿墙时，可不用套管，但风管与墙洞间的间隙不应大于 50mm，用柔软不燃物质密实填塞间隙。(×)
33. 洁净风管可以采用 S 形插条、C 形直角插条及立联合角插条的连接方式。(×)
34. 制作洁净风管时板材不得有横向拼接缝，以防止风管内积

尘，并尽量减少纵向接缝。(√)

35. 设计无规定时，矩形风管离墙、柱的距离宜在160或200mm以内。(√)
36. 制作洁净风管时，风管边长小于1200mm，不允许有纵向接缝。(×)
37. 制作洁净风管时，风管边长大于1400mm小于或等于2200mm时，允许有两条纵向接缝，拼接咬口缝应相互错开。(×)
38. 通风空调系统工作压力 $P>1500$Pa 为高压系统。(√)
39. 无机玻璃钢风管吊装时，边长或直径大于1250mm的风管一次不得超过2节。(√)
40. 柔性短管长度一般为150~250mm。当圆形或矩形法兰角钢∟25×25×3时，柔性短管长度为150mm。(√)
41. 风管穿越结构变形缝处应设置柔性短管，其长度应大于变形缝宽度200mm以上。(×)
42. 柔性短管安装的松紧程度应适当，可按安装后比安装前短10~15mm掌握，不得过紧或过松。(√)
43. 风口水平安装，水平度的偏差不应大于5/1000。(×)
44. 洁净风管边长大于900mm小于或等于1800mm时，允许有一条纵向接缝。(√)
45. 洁净风管直径或长边小于或等于630mm，宜选用厚度为3mm的闭孔海绵橡胶板。(×)
46. 复合玻纤扳风管采用地面预组装再架空安装时，组装的长度不宜超过2800mm，避免因风管自重产生的弯矩破坏构件接口。(√)
47. 防排烟系统或输送温度高于70℃的烟气或空气的风管，应用耐热橡胶或石棉橡胶板等耐温防火材料作为法兰垫料。(√)
48. 当宽度大于350mm的复合玻纤板风管穿墙时，必须采用钢制套管。风管与套管、套管与墙洞的间隙用柔软不燃物质密

实填塞。(√)

49. 明装风管水平安装，水平度的允许偏差每米不应大于4mm，总偏差不应大于40mm。(×)

50. 金属风管穿过防火、防爆的墙体或楼板时，需要封闭处理，具体做法是设预埋管或防护套管，其钢板厚度不应小于1.6mm。(√)

51. 输送产生凝结水或含有水蒸气的潮湿空气的风管，安装时应有0.01~0.015的坡度，防止风管内积水。(√)

52. 不锈钢风管使用碳素钢支架时，只需做防腐处理，没必要在风管与支架接触部分增加垫橡胶板。(×)

53. 室外立管或伸出屋面风管的拉索可以固定在避雷针或避雷网上。(×)

54. 输送空气温度低于70℃的风管、产生凝结水或含有水蒸气的潮湿空气的风管，应用橡胶板、闭孔海绵橡胶板等作为法兰垫料。(√)

55. 风管采用薄钢板法兰形式连接时，弹性插条、弹簧夹或紧固螺栓的间隔不应大于200mm。(×)

56. 防火阀易熔片的熔点温度与设计要求温度的允许偏差为±3℃。(×)

57. 穿防火墙的风管壁厚应不小于1.6mm。(√)

58. 排烟防火阀安装的部位及叶片关闭与排烟阀相同，其区别是具有防火功能，当烟气温度达到280℃时，可通过温度传感器或手动将叶片关闭，切断烟气流动。因为当烟气温度达到280℃时，排烟已经没有意义，此时关闭排烟防火阀可以起到阻止火焰蔓延的作用。(√)

59. 发生火灾时，防火阀上的易熔片或易熔环受热到80℃时熔化，使阀门关闭，阻止火势和烟气沿风管蔓延。(×)

60. 明装无吊顶的风口，安装位置和标高偏差不应大于10mm。(√)

61. 手动单叶阀或多叶调节阀的手轮或扳手，应以顺时针方向转

动为开启。(×)

62. 防火阀及排烟阀外框与阀板的材料厚度严禁小于2mm，外框应标示出气流方向。(√)

63. 防火阀及排烟阀的转动部分应采用耐腐蚀材料，易熔件应放在阀板迎风侧，允许偏差为±3℃。(×)

64. 防爆系统中，零部件的传动摩擦部分应采用铝质材料，严禁使用其他材料，以防止产生火花引起爆炸。(√)

65. 玻璃钢风管及配件表面不平度不得大于10mm。(√)

66. 玻璃钢风管及配件的法兰平面应与风管轴线垂直，法兰的不平度不得大于2mm，对角线误差不得大于3mm。(√)

67. 玻璃钢风管及配件的法兰螺孔间距不应大于150mm。(×)

68. 复合玻纤板风管集防火、防潮、保温、消声等功能于一体,同时具有重量轻,安装方便,美观,节约工程费用,使用寿命长的优点。缺点是强度较低,安装时要避免硬物磕碰。(√)

69. 直径小于或等于200mm的圆形硬聚氯乙烯风管，采用承插连接时，插口深度宜为40~80mm。(√)

70. 圆形硬聚氯乙烯风管采用套管连接时，套管长度宜为100~150mm。(×)

71. 高效过滤器用来过滤5μm以下微粒，是洁净空调系统的关键部件。(×)

72. 安装高效过滤器时，要检查过滤器框架或边口端面的平直性，端面平整度的允许偏差为±1mm。如超过允许偏差时，只允许调整过滤器的安装框架端面，不允许矫正过滤器本身外框。(√)

73. 高效过滤器滤料常使用石棉纤维滤纸、玻璃纤维滤纸及合成纤维滤纸等，是洁净空调系统的最后的关键部件。(√)

74. 表面冷却器安装前应做水压试验，试验压力为系统工作压力的1.2倍，同时不得小于0.5MPa，压力不得下降。(×)

75. 连接电加热器前后风管1m处的法兰垫料，应采用厚度为3mm的石棉软板或石棉纤维板，保温材料应耐高温、不燃

烧。电加热器应有良好的接地装置。(√)

76. 粗效空气过滤器用来过滤新风中大于 5μm 的微粒和各种异物。(√)

77. 中效空气过滤器用于粗效过滤器之后，能捕集空气中粒径大于 10μm 的悬浮性微粒。(×)

78. 现场组装的除尘器壳体应做漏风量检测，在设计工作压力下允许漏风率为 5%，其中离心式除尘器为 3%。(√)

79. 除尘器安装的允许偏差用吊线和尺量检查，垂直度的每米偏差应≤4mm，总偏差应≤20mm。(×)

80. 通风机连续试运转时间应不少于 2h，滑动轴承最高温度不得超过 80℃，滚动轴承最高温度不得超过 70℃。(×)

81. 薄钢板如采用喷涂油漆，环境温度不得低于 5℃，相对湿度不大于 80%。(√)

82. 薄钢板风管应在制作成形前刷一道底漆。制作成形后，风管内面刷完全部道数底漆（风管内面一般不刷面漆），风管外面刷完全部道数底漆和一道面漆，安装完毕后在风管外表面再涂刷最后一道面漆。(√)

83. 空气洁净系统风管如用镀锌钢板制造，一般不涂刷油漆，如钢板镀锌层质量不好，需要采取涂漆的方法进行补救。中效过滤器后和高效过滤器前的送风管应先涂磷化底漆一道，再涂锌黄环氧底漆或锌黄醇酸防锈漆一道，最后涂环氧磁漆或醇酸磁漆一道；高效过滤器后的送风管、静压箱及附件，应先涂磷化底漆一道，再涂锌黄环氧底漆二道，最后涂环氧磁漆二道。(√)

84. 当风管内的空气温度高于外部环境温度时，采取的绝热措施称为保温；当风管内的空气温度低于外部环境温度时，采取的绝热措施称为保冷。保温和保冷统称绝热，习惯上仍称为保温。(√)

85. 保冷结构和保温结构都是隔绝热量的传递，其结构形式是一样的，没有区别。(×)

86. 保冷结构和保温结构的区别在于，保冷结构的绝热层外必须设有防潮层，以隔绝外界空气的渗入；而保温结构除用于室外露天情况下，为防止雨水侵入外，一般不设置防潮层。(√)
87. 当明装保温风管采用少量可燃材料（如木方）作龙骨或保护层时，必须用防火涂料进行处理，并不得少于两遍。(√)
88. 保温风管绝热层采用保温钉与风管固定，是最常用的绝热形式。矩形风管及设备保温钉应均匀布置，其每平方米数量，底面不应少于16个，侧面不应少于10个，顶面不应少于6个。(√)
89. 保温风管绝热层采用保温钉与风管固定，首行保温钉距风管或保温材料边沿的距离应小于150mm。(√)
90. 安装在风管中的电加热前后600mm范围内的风管必须做绝热层。(×)
91. 风机试运转时，盘动叶轮，应无擦碰及卡阻现象，在额定转速下运转平稳，叶轮旋转方向正确，无异常振动及声响，要连续运转2h。(√)
92. 冷却塔风机与冷却水系统循环试运行应不少于6h。(×)
93. 通风空调系统总风量调试结果与设计风量的偏差不应大于15%。(×)
94. 洁净空调系统室内各风口风量与设计风量的允许偏差为15%。(√)
95. 洁净空调相邻不同级别洁净室之间和洁净室与非洁净室之间的静压差不应小于5Pa。(√)
96. 风机盘管的排水应有3%坡度坡向凝结水排出口。(√)
97. 金属风管水平安装，水平度的允许偏差每米不应大于3mm，总偏差不应大于20mm。(√)
98. 红丹、铁红类底漆、防锈漆不但适用于涂刷黑色金属表面，也适用于涂刷在铝、锌类金属表面。(×)

99. 风管支、吊架的防腐处理一般应与风管相一致，油漆颜色应符合设计要求。应在安装前刷完底漆和一道面漆。（√）

100. 薄钢板风管输送温度高于70℃的空气时，其内、外表面应各涂耐热漆2道。（√）

2.3 简答题

1. 简述开尔文温标。

答：开尔文又叫绝对温标或国际实用温标，是目前国际上通用的一种温标，用 T 表示，其单位符号为K。它是以 -273℃作为计算的起点，将纯水在一个标准大气压下的冰点定为273K，沸点为373K，其间相差100K。

2. 干湿球温度差与被测空气的相对湿度有什么关系？

答：干湿球温度差的大小与被测空气的相对湿度有关，空气越干燥，干湿球温度差也就越大；反之，空气相对湿度越大，干湿球温度差就越小。若是空气相对湿度达到饱和，则干湿球温度差等于零。

3. 通风系统按动力方式分为几种？通常采用哪一种？

答：按通风系统的动力方式不同，通风系统分为自然通风和机械通风两类。通常采用的是机械通风。

4. 什么叫全面通风？

答：全面通风也称稀释通风。它一方面用清洁空气稀释室内空气中的有害气体浓度，同时把污染空气排至室外，使室内空气中的有害浓度不超过卫生标准规定的最高允许浓度。

5. 简述通风施工图的识图顺序。

答：通风施工图的识图一般顺序为：先看图纸目录，以了解工程设计的整体情况，其次看施工说明书、材料设备表等文字资料。并按图纸目录进行清点。识读施工图应以平面图为主，同时对照立面图、剖面图、轴测图，弄清管道系统的立布置情况，一般应遵循从整体到局部，从室外新风进口到空调器

（箱）、风机，再从主干管到分支管、风口的原则。

6. 班组施工准备工作内容有哪些？

答：（1）熟悉图纸及有关技术资料；（2）查看现场；（3）配齐施工机具；（4）接受技术交底；（5）接受施工任务书；（6）材料进场计划安排。

7. 集中式空调系统有哪几种？

答：（1）一般集中式空调系统；（2）变风量空调系统；（3）双风道集中式空调系统。

8. 一般集中式空调系统的特点是什么？它由哪几个部分组成？

答：集中式空调系统的特点，是将处理空气的空调器集中安装在空调机房内，如空气加热、冷却、加湿、除湿设备，风机和水泵等。空调机房内所用的冷源和热源由冷水机组和专用锅炉供给。集中式空调系统具有三大部分：空气处理部分、空气输送部分和空气分配部分。

9. 什么是半集中式空调系统，它常有哪几种形式？

答：半集中式空气调节系统是把空气的集中处理和局部处理结合起来的一种空调装置，其常有的形式有诱导式空调系统、风机盘管空调系统和再加热式（或再冷却式）空调系统。

10. 什么情况下设置局部式空调系统？

答：如果在一个大的建筑物中，只有少数房间需要空调，或者需要空调的房间虽然多，但很分散，相距远，这时需设置局部式空调机组。

11. 自然通风常用的避风天窗有几种形式？

答：（1）矩形天窗；（2）下沉式天窗；（3）曲（折）线型天窗。

12. 简述按扣式咬口的特点及应用。

答：按扣式咬口便于运输和组装，但严密性较差，适用于低、中压矩形风管系统中风管、配件四角的咬口和低压圆形风管的咬口，如应用于严密性要求高的场合应采取密封措施。

13. 简述制作金属风管时，板材的拼接咬口形式。

答：制作金属风管时，板材的拼接咬口和圆形风管的闭合咬口可采用单咬口；矩形风管或配件的四角组合可采用转角咬口、联合角咬口或按扣式咬口；圆形弯管的组合可采用立咬口。

14. 简述圆风管的芯管连接。

答：芯管连接是利用中间连接件（芯管）两头分别插入两节风管两端，并在接缝内涂密封胶，然后用拉铆钉或自攻螺钉将芯管和风管连接端固定。由于采用了中间件芯管，芯管中间又有一个半圆压筋，使接头刚度增强。

15. 圆形风管的无法兰连接有哪几种？

答：圆形风管的无法兰连接有：（1）抱箍式无法兰连接；（2）插接式无法兰连接。

16. 矩形风管的无法兰连接有哪几种？

答：矩形风管的无法兰连接有：（1）直接连接；（2）插条连接；（3）角钢式薄钢板法兰连接。

17. 通风工程常用的加工机械有哪些？

答：通风工程常用的加工机械有：（1）螺旋卷管机；（2）弯头咬口机；（3）法兰弯曲机；（4）折方机；（5）风管法兰成型机；（6）直线切板机；（7）振动剪板机；（8）矩形风管法兰折边机；（9）联合冲剪机；（10）小截面风管联合咬口成型机；（11）咬口机；（12）压口机。

18. 矩形风管的加固构造有哪几种？

答：矩形风管的加固构造有：楞筋加固、立筋加固、角钢加固、扁钢平加固、扁钢立加固、加固筋管内支撑等多种构造。

19. 送风口形式主要有哪几种？

答：送风口形式有：侧送口、孔板送风口、散流器送风口、喷口送风口和条缝送风口。

20. 常用的局部送风装置有哪几种？

答：常用的局部送风装置有：风扇、喷雾风扇和系统式局部装置3种。另外，空气幕也是一种局部送风装置。

21. 简述排风罩的基本类型。

答：吹吸式通风罩有：密闭罩和通风柜、外部排风罩、接受式排风罩、吹吸式通风罩。

22. 简述密闭罩和通风柜的特点。

答：密闭罩和通风柜的特点是把尘源全部密闭，使粉尘的扩散限制在一个小的空间内，一般只在罩子上留有观察窗或不经常开启的检查门、工作孔。

23. 简述外部排风罩的特点。

答：由于工艺和操作条件的限制，不能将生产设备进行密闭时，可在尘源附近设置外部排风罩，靠罩口吸气气流把粉尘吸入罩内。这种排风罩有上吸罩、侧吸罩及槽边排风罩等型式。

24. 简述接受式排风罩的特点。

答：当生产过程或设备本身产生或诱导一定的气流，带动有害粉尘、气体一起运动时，通常把排风罩设在有害气流的前方或上方，使气流直接进入接受式排风罩。

25. 简述吹吸式通风罩的特点。

答：由于条件限制，当外部排风罩离有害物源较远时，要在有害物发生处造成一定的气流速度是比较困难的，在这种情况下，可以采用吹吸式通风罩。

26. 简述制作金属风管及配件时的焊接方法。

答：焊接是金属板材连接的主要方式之一。制作风管及配件时，可根据工程需要、工程量大小或装备条件，选用适当的焊接方法。常用的焊接方法有电焊、气焊、氩弧焊、点焊、缝焊以及锡焊。

27. 简述对硬聚氯乙烯板风管外形的一般要求。

答：风管外径或外边长的允许偏差要求原则上与金属风管相同。风管的两端面应平行，无明显扭曲，外径或外边长的允许偏差为 2mm；风管应表面平整、圆弧均匀，凹凸不应大于 5mm。

28. 什么是气力输送，它的作用是什么？

答：气力输送是一种利用气流输送物料的输送方式。当管道内的气流遇到物料的阻碍时，其动压将转为静压，推动物料在管道内向前运动。

29. 气力输送系统有哪些主要设备和部件。

答：气力输送系统包括的主要设备和部件有：（1）受料器；（2）输料管和风管；（3）分离器；（4）锁气器；（5）风机。

30. 简述除尘器的种类。

答：除尘器包括：（1）沉降室；（2）离心除尘器；（3）袋式除尘器；（4）洗涤除尘装置；（5）电除尘器。

31. 简述制冷方法的种类。

答：制冷方法的种类有：（1）蒸汽吸收式制冷；（2）蒸汽喷射式制冷；（3）吸附式制冷；（4）空气膨胀式制冷；（5）热电式制冷；（6）涡流管式制冷。

32. 空气幕的作用是什么？

答：空气幕的作用是：(1)防止室外冷、热气流侵入；(2)防止余热和有害气体的扩散。

33. 在安全检查制度中，工人自检的项目有哪些？

答：(1)自己施工现场的周围环境是否安全，施工工序等是否符合安全规定；(2)自己使用的机械设备的安全状况，防护装置是否齐全有效；(3)自己使用的材料是否符合规定；(4)自己使用的工具是否齐备、完好、清洁；(5)自己佩戴的安全帽与安全带、护目镜等个人用具是否齐全可靠。

34. 生产生活环境中噪声如何分类？简述通风空调系统的噪声性质及产生原因。

答：在生产生活环境中，噪声可以分为气流噪声、机械性噪声及电磁性噪声。对于通风系统来说，主要是气流噪声，是气体流动或压力变化产生扰动产生的。风机转动使空气产生强烈地扰动，薄钢板风管在气流作用下使管壁产生振动，高速气流经过风管内的零部件受阻，也会产生噪声。风机运转引起的机械振动噪声也会沿风管和气流传播。

35. 减振器的种类有哪几种?

答:减振器的种类有橡胶剪切减振器、橡胶减振器、空气弹簧减振器、金属螺旋器弹簧减振器、预应力阻尼弹簧减振器、阻尼弹簧减振器、橡胶减振垫等。

36. 简述一般薄钢板风管涂刷的油漆类别及涂刷的道数。

答:一般薄钢板风管的内表面应涂刷防锈底漆 2 道,外表面涂防锈底漆 1 道,面漆(调和漆等)2 道。

37. 简述制作硬聚氯乙烯塑料风管及部件的主要步骤。

答:制作硬聚氯乙烯塑料风管及部件的主要步骤是:板材检查→画线下料→切割→焊口处锉削或打磨坡口→加热成型→焊接→成品质量检查。

38. 常见的安全事故有哪些?

答:常见的安全事故有物体打击、高空坠落、触电(雷击)、起重伤害、机械伤害、车祸伤害、中毒伤害、爆炸伤害、坍塌伤害、烫伤、烧伤等。

39. 简述柜式空调机组的安装要点。

答:柜式空调机组安装的要点是机组安装位置正确;机组的弹簧减振器、橡胶减振块应按设计数量及位置布置;机组减振器与基础之间出现悬空时,应用钢板垫块垫实;凝结水盘应有坡度,其出水口应设在水盘最低处。

40. 简述脚手架搭设的工艺流程。

答:脚手架搭设的工艺流程是:场地平整、夯实→检查设备材料配件→定位设置垫块→立杆→小横杆(横楞)→大横杆(撑杠)→剪刀撑→连墙杆→扎毛竹纵杆→铺垫脚手板→扎防护栏杆及踢脚板、安全网。

2.4 计算题

1. 室内某点的空气温度为 -2℃时,求该点的绝对温度 T 是多少?

解：

$$T=273+(-2)=271\text{K}$$

答：该点的绝对温度是271K。

2. 室内某点的水蒸气分压力 p_q 为6500Pa，同温度下饱和水蒸气分压力 p_q^b 为7900Pa，求相对湿度 φ 是多少？

解：

$$\varphi=\frac{p_q}{p_q^b}\times100\%=\frac{6500}{7900}\times100\%=82.28\%$$

答：相对湿度是82.28%。

3. 某点的空气大气压为 B 为101325Pa，水蒸气分压力 p_q 为2800Pa，求含湿量 d 是多少？

解：

含湿量 d 为 $$d=622\times\frac{p_q}{B-p_q}=622\times\frac{2800}{101325-2800}=17.68\text{g/kg}$$

答：含湿量 d 为17.68g/kg。

4. 某空气测点的干空气分压力 $p_g=98300\text{Pa}$，水蒸气分压力 $p_q=2700\text{Pa}$，求该点的大气压力 B。

解：大气压力 $B=p_g+p_q=98300+2700=101000\text{Pa}$

答：大气压力为101000Pa。

5. 某班组加工风管法兰，其中合格品132件，不合格品4件，请计算其合格品率。

解：

$$\frac{132}{132+4}\times100\%=97.06\%$$

答：合格率为97.06%。

6. 已知通风机的全压为 p 和动压 p_d，求通风机的静压 p_{st}。

解：通风机的静压为：

$$p_{st}=p-p_d$$

答：通风机的静压为 $p_{st}=p-p_d$。

7. 一锥台的底径 $D=800\text{mm}$，上径 $d=600\text{mm}$，高度 $L=500\text{mm}$，求锥台的锥度。

$$\text{解：锥台的锥度}=\frac{\frac{800}{2}-\frac{600}{2}}{500}=\frac{100}{500}=1:5$$

答：锥台的锥度为1:5。

8. 如第8题图所示，已知弯管的制作基本尺寸 ϕ、R、α，确定弯管的安装尺寸 A、B。

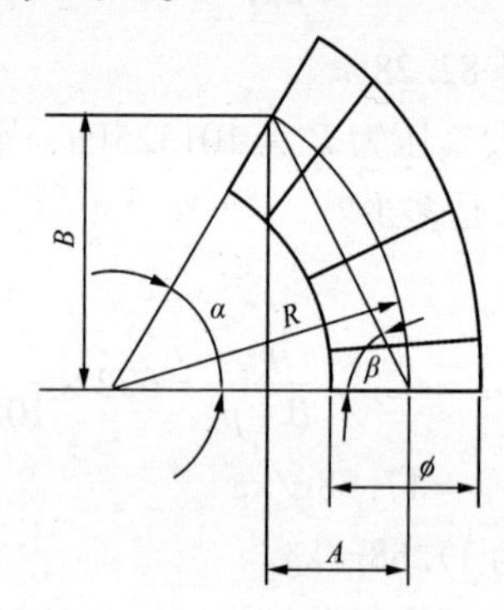

第8题图　弯管尺寸

解：安装尺寸与制作尺寸的关系如下：

$$A=R-R\cos\alpha=R\ (1-\cos\alpha)$$

$$B=R\sin\alpha$$

答：略。

9. 一节钢板圆风管外径为 $\phi800$，板厚 $\delta=3\text{mm}$，长度为 2000mm，请计算其净展开面积 S 及理论重量 W。

解：计算钢板圆风管面积时采用中径，因此：

$$S=0.797\times\pi\times2=5.005\text{m}^2$$

$$W=5.005\times3\times7.85=117.87\text{kg}$$

答：其净展开面积 S 为 5.005m^2，理论重量为117.87kg。

10. 已知第10题图所示的内弧形方形弯头 $a=400\text{mm}$，$c=50\text{mm}$，$R=200\text{mm}$，求展开面积 S。

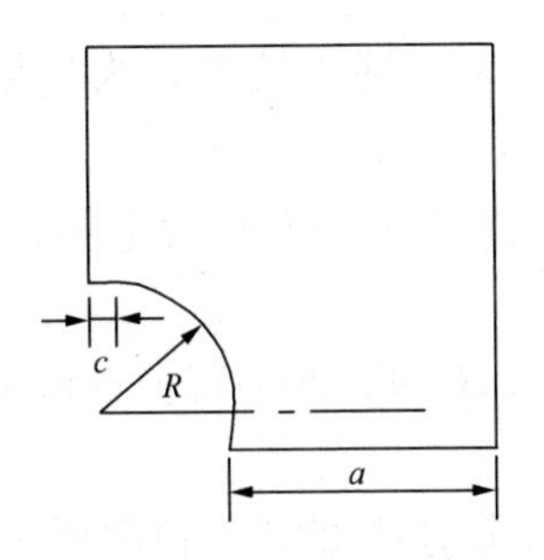

第 10 题图　内弧形方形弯头

解：$S=2(a+R)^2+2a(a+R)+8ca+\frac{\pi R}{2}\times a-\pi R^2$

$=0.72+0.48+0.16+0.13-0.13$

$=1.36m^2$

答：该图的展开面积为 1.36m²。

2.5　作图题

1. 直角的三等分。

解：将直角 *ABC* 三等份的作图方法如第 1 题图所示，其方法是：

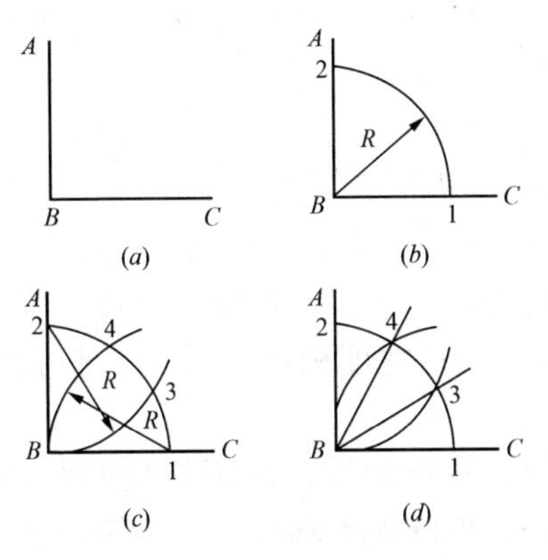

第 1 题图　直角的三等分

（1）以 B 点为圆心，适当长度 R 为半径画圆弧，交两直角边于 1、2 两点；

（2）以 1、2 两点为圆心，R 为半径，分别画两弧得交点 3、4；

（3）连接 $B-3$、$B-4$，便实现了直角 ABC 的三等分。

2. 圆周的五等分

解：圆周的五等分方法如第 2 题图所示。先找出半径的中点 P（图 a），以 P 为圆心，PC 长为半径作弧交直径于 H 点（图 b），以 CH 弦长为半径，即可将圆周截为五等分（图 c）。

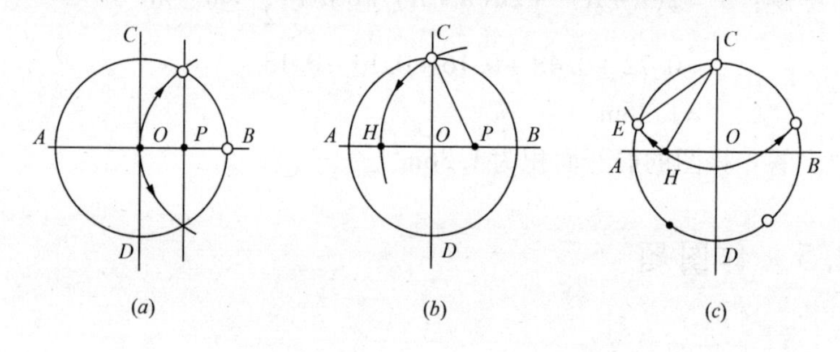

第 2 题图　圆周的五等分

3. 单平咬口是应用较普遍的咬口方式，请画出单平咬口的加工成型过程。

解：（提示：为了使读者便于理解图示加工过程，这里做一些文字描述，正式答题时只需画出加工步骤示意图即可）。

单平咬口的加工，如第 3 题图所示。将要连接的板材，放在固定有槽钢的工作台上，根据咬口宽度，来确定折边宽度，实际上折边宽度比咬口宽度稍小，因为一部分留量变成了咬口厚度。

在板材上用画线板画线，线距板边的距离为：咬口宽度 6mm 时，为 5mm；咬口宽度 8mm 时，为 7mm；咬口宽度 10mm 时，为 8mm。画线后，移动板材使线和槽钢边重合。用木方尺在板材两端先打出折边，再按画好的线把板边打成 90°，如第 3

题图（1）。折成直角后，将板材翻转，检查拆边宽度，对折边较宽处，用木方尺拍打，使折边宽度一致，再用木方尺把90°的立折边，拍倒成130°左右，如第3题图（2）。然后，把板边根据板厚伸出槽钢边10～12mm左右，用木方尺对准槽钢的棱边拍打，把板边拍倒，见第3题图（3）。

用同法加工另一块板材的折边。然后，两块板的折边相互钩挂，如见第3题图（4），全部钩挂好后，垫在槽钢面上或厚钢板上，用木槌把咬口两端先打紧，再沿全长均匀地打实、打平。为使咬口紧密、平直，应把板材翻转，在咬口反面再打一次，即成第3题图（5）所示的单平咬口。

为了使风管内表面平整，可把板材加工成如第3题图（2）的折边，另一块板材加工成如第3题图（3）的折边，相互钩挂后即如第3题图（4′）所示，再用木槌打平打实后，再用咬口套把咬口压平，即为如第3题图（5′）所示一面平整的单平咬口。

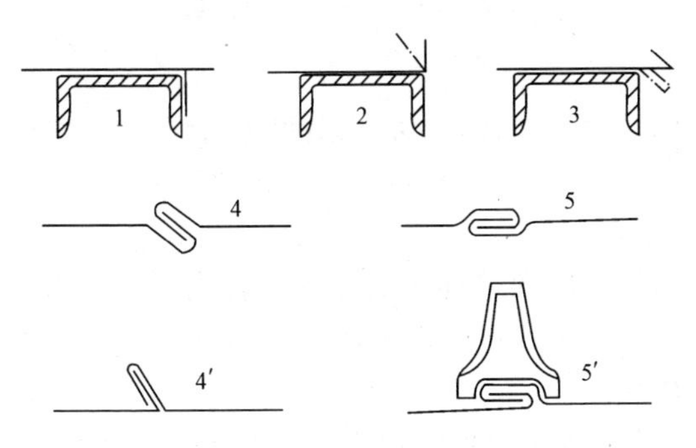

第3题图　单平咬口加工步骤示意

4. 立咬口多用于圆形风管横向连接或纵向接缝，用于圆形弯头接缝可不加铆钉。转角咬口适用于矩形风管和配件的四角咬口，还较多地用于没有折方机和咬口机情况下的手工咬口。请画出立咬口和转角咬口的结构图。

解：立咬口和转角咬口的结构如第4题图所示。

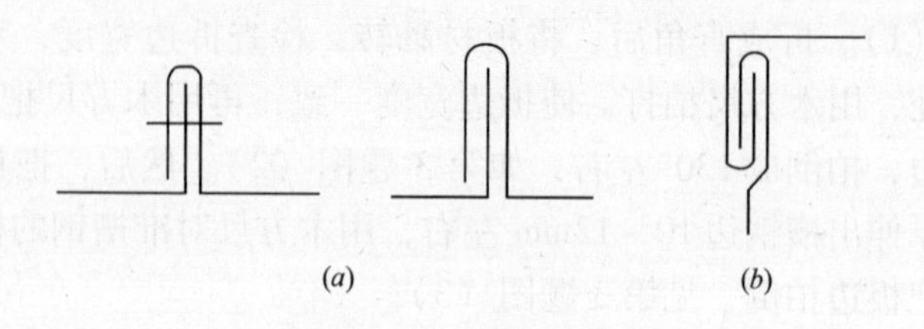

第 4 题图　咬口连接形式

（a）立咬口；（b）转角咬口

5. 焊接是板材连接的主要方式之一，请画出风管采用焊接连接时，角缝和搭接缝的结构形式。

解：风管焊接连接时搭接缝和搭接角缝的结构形式如第 5 题图所示。

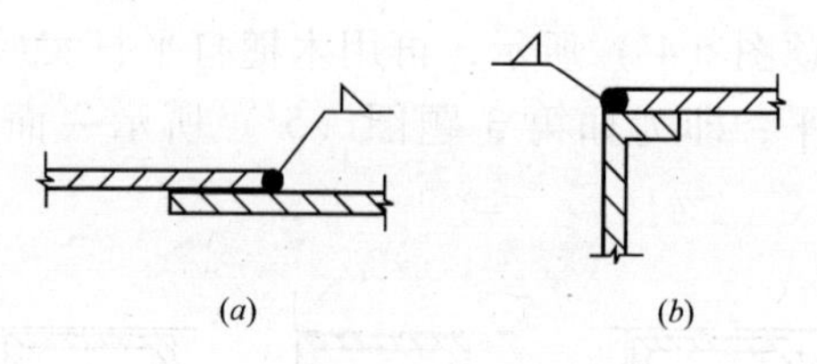

第 5 题图　风管焊缝形式

（a）搭接缝；（b）搭接角缝

6. 当风管采用焊接连接时，为了防止焊接变形，可采用分段、逆向等防止变形的焊接方法。请画图表示逐步退焊法和分中逐步退焊法。

解：风管的逐步退焊法和分中逐步退焊法如第 6 题图所示。

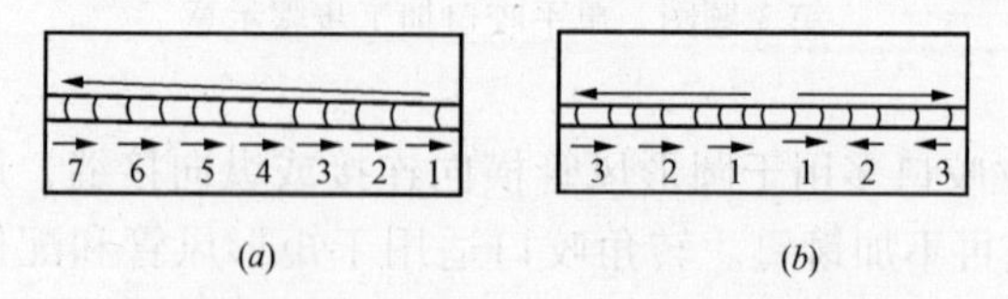

第 6 题图　逐步退焊法和分中逐步退焊法

（a）逐步退焊法；（b）分中逐步退焊法

7. 洁净空调系统支管上的静压箱与风管的连接如采用插接式连接容易造成漏风，应采用联合咬口、转角咬口的连接方式，请画出其连接方式。

解：

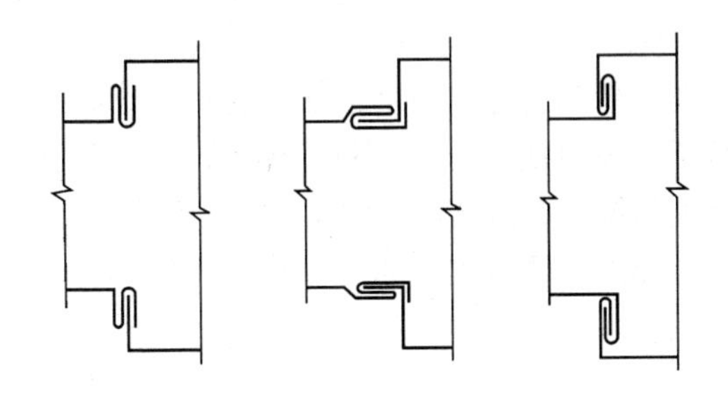

第7题图　静压箱与风管的连接

8. 请画出等径斜三通管的展开图。

解：（提示：为了使读者便于理解题意，这里做一些文字说明，正式答题时只需画图即可）。

等径斜三通管的展开的如第8题图所示，其步骤为：

（1）根据实体如图（a）作其投影图（b）；

（2）求结合线。

因为是两个等径圆管相交，相贯线是两段平面曲线，反映在主视图上是一条折线，如第8题图（b）所示；

（3）作上部圆管的展开图。

第一，在上部管的直径上作半圆，并将其分成8等份，等份点分别为1、2、3、4、5、6、7、8、9，延长线段1～9，并在延长线上取一线段等于上部圆管的周长，将其16等份，得分点1、2、3，……3、2、1，过每一等份点作9～f的平行线；

第二，过上部圆管半圆上的等份点作9～f的平行线分别与相贯线e～a～f相交，再过每一交点作1～9的平行线，分别与第8题图（d）的平行线相交，用平滑曲线依次连接各交点，则得到上部圆管的展开图，即第8题图（d）。

（4）作下部圆管的展开图

第一，下部圆管的左视图是一个圆，如第 8 题图（b）所示。将它分成 16 等份，用 a、b、c、d、e 分别代表各等份点。将圆管水平切开平铺在主视图下，分别过 a、b、c、d、e 等作平行线；

第二，在下部圆管左视图上，分别过 a、b、c、d、e 作 $e \sim f$ 的平行线与 V 形相贯线 $e \sim a \sim f$ 的两侧相交，再过每一交点向下引平行线分别与第 8 题图（c）上的水平平行线相交，用平滑曲线依次连接各交点，便得到下部圆管的展开图。

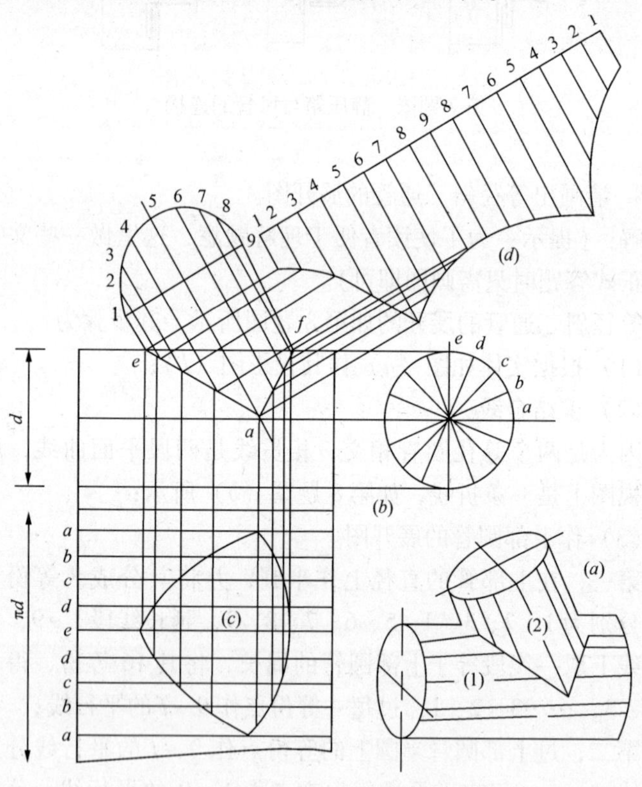

第 8 题图　等径斜三通管的展开

2.6 实际操作题

1. 斜面圆管大小头制作。

已知 D = 300mm，d = 200mm，h = 200mm，加斜角 30°，δ =0.75mm。

斜面圆管大小头制作考核内容及评分标准　　表 1

序号	测定项目	评分标准	标准分	得分
1	D	-2 ~ 0mm，如超出，本项无分	15	
2	d	-2 ~ 0mm，如超出，本项无分	15	
3	h	≤2mm；如≥ ±4mm，本项无分	10	
4	小斜角	≤1°；如≥ ±3°，本项无分	15	
5	咬口外观质量	由考评者确定	20	
6	安全	操作过程无安全事故	10	
7	工效	由考评者确定	15	
	合计		100	

2. 圆管异径斜三通制作。

已知 D = 300mm，d = 200mm，三通高度 H = 600mm，加斜角 30°，支管口到主管中心距 h = 450mm，交角 α = 45°，δ =0.75mm。

圆管异径斜三通制作考核内容及评分标准　　表 1

序号	测定项目	评分标准	标准分	得分
1	D	-2 ~ 0mm，如超出，本项无分	10	
2	d	-2 ~ 0mm，如超出，本项无分	10	
3	H	≤2mm；如≥ ±4mm，本项无分	10	
4	h	≤2mm；如≥ ±4mm，本项无分	10	

续表

序号	测定项目	评分标准	标准分	得分
5	α	≤1°，如≥±3°，本项无分	15	
6	咬口外观质量	由考评者确定	20	
7	安全	操作过程无安全事故	10	
8	工效	由考评者确定	15	
	合计		100	

3. 内弧方形三通制作。

已知主管直径 $A=300\text{mm}\times300\text{mm}$，支管直径 $a=150\text{mm}\times150\text{mm}$，支管交角内 $R=0.5A$；主管长度 $L=520\text{mm}$，支管长度 $l=210\text{mm}$。

内弧方形三通制作考核内容及评分标准　　表1

序号	测定项目	评分标准	标准分	得分
1	A	−2~0mm，如超出，本项无分	15	
2	a	−2~0mm，如超出，本项无分	15	
3	R	≤3mm；如≥±5mm，本项无分	5	
4	L	≤3mm；如≥±5mm，本项无分	5	
5	l	≤3mm；如≥±5mm，本项无分	10	
6	直角	≤1°，如≥±3°，本项无分	10	
7	咬口外观质量	由考评者确定	15	
8	安全	操作过程无安全事故	10	
9	工效	由考评者确定	15	
	合计		100	

4. 内弧矩形弯头制作。

已知 $A\times B=500\text{mm}\times300\text{mm}$，内 $R=0.5A$，弯头长度 $L=800+10$（mm），$\delta=1\text{mm}$。

内弧矩形弯头制作考核内容及评分标准　　　表1

序号	测定项目	评分标准	标准分	得分
1	A	−3～0mm，如超出，本项无分	15	
2	B	−2～0mm，如超出，本项无分	15	
3	R	≤3mm；如≥±5mm，本项无分	5	
4	L	≤3mm；如≥±5mm，本项无分	10	
5	角度	≤1°，如≥±3°，本项无分	10	
6	咬口外观质量	由考评者确定	20	
7	安全	操作过程无安全事故	10	
8	工效	由考评者确定	15	
	合计		100	

5. 内弧方形三通制作。

已知主管直径 $A=300\text{mm}\times300\text{mm}$，支管直径 $a=150\text{mm}\times150\text{mm}$，支管交角内 $R=0.5A$；主管长度 $L=520\text{mm}$，支管长度 $l=210\text{mm}$，$\delta=0.5\text{mm}$。

内弧方形三通制作考核内容及评分标准　　　表1

序号	测定项目	评分标准	标准分	得分
1	A	−2～0mm，如超出，本项无分	15	
2	a	−2～0mm，如超出，本项无分	15	
3	R	≤3mm；如≥±5mm，本项无分	5	
4	L	≤3mm；如≥±5mm，本项无分	5	
5	l	≤3mm；如≥±5mm，本项无分	10	
6	直角	≤1°，如≥±3°，本项无分	10	
7	咬口外观质量	由考评者确定	15	
8	安全	操作过程无安全事故	10	
9	工效	由考评者确定	15	
	合计		100	

第三部分　高级通风工

3.1　选择题

1. 空气的物理性质不仅取决于它的组成成分，而且也与它的状态参数（C）有关。

A. 二氧化碳含量　　B. 氧气含量
C. 压力、温度和湿度等　　D. 湿球温度

2. 不锈钢板具有在高温下耐酸碱的能力，按金相组织主要分为奥氏体钢（D）和铁素体钢（Cr13 型）不锈钢，常用于化工环境中耐腐蚀的通风系统。

A. Q215　B. Q235　C. Q255　D. 18-8 型

3. 玻璃钢风管及配件制品，运输和安装前树脂固化度应达到（A）以上。

A. 90%　B. 50%　C. 70%　D. 100%

4. 铝板风管制作，当铝板厚度小于等于（C）mm 时采用咬接。

A. 1.0　B. 1.2　C. 1.5　D. 2.0

5. 不锈钢钢板风管和配件制作，氩弧焊或电焊连接适于的厚度是（B）mm。

A. $0.5<\delta\leqslant1.0$　B. >1.0　C. $0.7<\delta\leqslant1.2$　D. $0.8<\delta\leqslant1.5$

6. 风管如采用铆钉连接，铆钉孔直径只能比铆钉直径大（D）mm，不宜过大。

A. 0.5　B. 0.4　C. 0.3　D. 0.2

7. 矩形风管法兰两对角线之长应相等，其误差不得大于（C）mm。

A. 1　B. 2　C. 3　D. 4

8. 为了防止焊接变形，可采用（B）分段、逆向焊接等防止变形的焊接方法。

A. 直通焊接　B. 分段、逆向焊接

C. 分段焊接　D. 逆向焊接

9. 低压和中压矩形风管横向加固的允许最大间距应由风管边长和刚度等级要求确定，刚度等级分为（A）等级。

A. G1 ~ G6 共 6 个　B. G1 ~ G4 共 4 个

C. G1 ~ G3 共 3 个　D. G1 ~ G5 共 5 个

10. 薄钢板矩形风管大边长 b 为 900mm 时，法兰应采用（C）角钢制作。

A. ∟25 × 25 × 3　B. ∟40 × 40 × 4

C. ∟30 × 30 × 3　D. ∟50 × 50 × 5

11. 直径 220mm 以下的圆形风管弯头，弯曲半径 R 应大于等于（B）D。

A. 2　B. 1.5　C. 1.25　D. 1

12. 当圆形薄钢板风管直径为 $1250 < D \leqslant 2000$mm 时，法兰应采用（C）角钢制作。

A. ∟25 × 25 × 3　B. ∟50 × 50 × 5

C. ∟40 × 40 × 4　D. ∟30 × 30 × 4

13. 为了使法兰与风管组合时松紧适度，应保证法兰内径尺寸不超过偏差值。圆形法兰的内径、矩形法兰的内边尺寸允许偏差均为正偏差，即比风管外径尺寸大（B）mm。

A. 0 ~ 2　B. 2 ~ 3　C. ≤1 ~ 2　D. 3 ~ 4

14. 高压风管系统的法兰螺栓孔和铆钉的间距应不大于（A）mm。

A. 100　B. 80　C. 120　D. 150

15. 薄钢板法兰应采用机械加工，风管折边或组合式法兰条应平直，弯曲度不应大于（C）。

A. 5%　B. 2%　C. 5‰　D. 8‰

16. 防火阀阀体外框和阀板材料厚度不得小于（B）mm。

A. 1　B. 2　C. 3　D. 4

17. 当铝板风管厚度大于（D）mm，焊接时应优先选用氩弧焊。

A. 1. 0　B. 1. 2　C. 2. 0　D. 1. 5

18. 焊接是金属板材连接的主要方式之一，其中（A）在板材较薄时用于板材的拼接缝、横向缝或纵向闭合缝。

A. 搭接缝　B. 角缝　C. 横向缝　D. 转角缝

19. 当圆形风管（不包括螺旋风管）的直径大于（D）mm 时，其纵向咬口的两端要用铆钉或点焊固定。

A. 1000　B. 800　C. 700　D. 500

20. 局部送风的空气淋浴，应能使人处于气流范围之内，一般以（B）m 为宜。

A. 0. 4 ~ 0. 8　B. 0. 6 ~ 1. 0　C. 0. 5 ~ 0. 9　D. 0. 7 ~ 1. 1

21. 矩形低压风管单边平面积大于（A）m^2，应采取加固措施。

A. 1. 2　B. 1. 4　C. 1. 6　D. 1. 8

22. 通风空调系统工作压力（P）的划分是：$P \leqslant 500$Pa 为低压系统，$500\text{Pa} < P \leqslant$（C）Pa 为中压系统，$P >$（C）Pa 为高压系统。

A. 1000　B. 1200　C. 1500　D. 2000

23. 通风机试运转时，滑动轴承最高温度不得超过（B）℃。

A. 60　B. 70　C. 80　D. 50

24. 长度在 1200mm 以上的矩形不保温风管，边长大于（B）mm 应采取加固措施。

A. 530　B. 630　C. 730　D. 830

25. 当矩形风管大边尺寸为 630 ~ 800mm 时，如符合加固条件，可采用（A）做加固框。

A. —25 × 3 扁钢　　B. —25 × 4 扁钢

C. ∟25 × 25 × 3 角钢　D. —25 × 4 角钢

26. 当矩形风管大边长度小于（A）mm 时，可采用对接焊。

A. 400　B. 500　C. 600　D. 700

27. 矩形风管无法兰连接的平 S 型插条适用于长边小于等于（C）mm 的风管。

A. 500　B. 630　C. 760　D. 830

28. 直径 220 ~ 800mm 的圆形风管弯头，弯曲半径 R 应为（D）D。

A. 1 ~ 2　B. 1.5 ~ 2　C. 1 ~ 1.25　D. 1 ~ 1.5

29. 圆形三通的接合缝若采用焊接而板材较薄时，可将接合缝扳起（B）mm 的立边，再用气焊焊接。

A. 3　B. 5　C. 8　D. 10

30. 圆形三通、四通，支管与总管的夹角为（A），夹角的允许偏差应小于 3°。

A. 15° ~ 60°　B. 15° ~ 45°　C. 15° ~ 40°　D. 30° ~ 45°

31. 洁净空调系统的法兰螺栓间距不应大于（A）mm。

A. 120　B. 150　C. 100　D. 80

32. 柔性短管不宜过长，一般为（A）mm。

A. 150 ~ 250　B. 100 ~ 200　C. 200 ~ 300　D. 50 ~ 150

33. 表面冷却器安装前应作水压试验，试验压力等于系统工作压力的（C）倍，同时不得小于 0.4MPa，压力不得下降。

A. 1.0　B. 1.2　C. 1.5　D. 2.0

34. 直径为 240 ~ 450mm 的圆形 90° 弯头，其中节最少为（B）节，端节为 2 节。

A. 2　B. 3　C. 4　D. 5

35. 空气处理室中的挡水板一般取（C）折。

A. 2 ~ 4　B. 3 ~ 5　C. 4 ~ 6　D. 5 ~ 7

36. 消声器填充吸声材料的密度，如用矿棉和熟玻璃丝应为（D）kg/m^3。

A. 140　B. 150　C. 160　D. 170

37. 除尘风管宜垂直或倾斜明装，与水平面夹角应为（A），水平管应尽量短。

A. 45° ~ 60°　B. 35° ~ 50°　C. 40° ~ 55°　D. 15° ~ 45°

38. 洁净空调系统矩形风管底边宽度在（D）mm 以内不应有拼接缝。

A. 600　B. 700　C. 800　D. 900

39. 经技术鉴定，影响主要设备和结构强度及使用年限，又造成不可挽回缺陷的为（A）。

A. 重大质量事故　B. 一般质量事故

C. 严重质量事故　D. 质量缺陷

40. 局部排风中的周边吸气罩适用于槽宽（D）mm、槽长 500 ~ 1500mm 的矩形槽。

A. 300 ~ 600　B. 300 ~ 800　C. 400 ~ 1000　D. 500 ~ 1200

41. 位于严寒地区的公共建筑和生产厂房，当未设置门斗或前室，每班的开放时间超过（B）min 时，应设置空气幕。

A. 30　B. 40　C. 50　D. 60

42. 洁净空调系统法兰铆钉间距应不大于（C）mm。

A. 60　B. 80　C. 100　D. 120

43. 常见螺旋卷管机制成风管的最小外径为（C）mm。

A. 100　B. 150　C. 200　D. 250

44. 直线切板机剪切金属板材的最大宽度是（A）mm。

A. 2500　B. 1800　C. 2000　D. 1500

45. 矩形中、高压风管单边平面积大于（A）m^2，应采取加固措施。

A. 1.0　B. 1.4　C. 1.6　D. 1.2

46. 通风空调中压系统的工作压力（P）为：500Pa < P ≤（C）Pa。

A. 1000　B. 1200　C. 1500　D. 2000

47. 中效过滤器能捕集直径大于（D）μm 的尘粒。

A. 0.3　B. 0.5　C. 1.5　D. 1.0

48. 优质碳素结构钢含硫量、含磷量较少，质量较好，其牌号用两位数表示，该两位数表示钢中平均含碳量的（B），如 20 号钢表示平均含碳量为 0.20%。

A. 十万分之几　B. 万分之几　C. 千分之几　D. 百分之几

49. 长度在 1200mm 以上的矩形保温风管，其大边长度（C）mm 以上，应采取加固措施。

A. 600　B. 700　C. 800　D. 1000

50. 铝板风管的铝板厚度大于（D）mm，应优先采用氩弧焊，其次为气焊。

A. 1　B. 1.2　C. 1.5　D. 2

51. 通风机试运转时，滚动轴承最高温度不得超过（C）℃。

A. 60　B. 70　C. 80　D. 90

52. 矩形风管无法兰连接的立式插条适用于长边为（A）mm 的风管。

A. 500 ~ 1000　B. 400 ~ 800　C. 600 ~ 1200　D. 800 ~ 1500

53. 不锈钢风管法兰热弯的加热温度为（D）℃。

A. 850 ~ 900　B. 950 ~ 1000　C. 1000 ~ 1050　D. 1100 ~ 1200

54. 风口制作尺寸与设计尺寸的允许偏差不应大于（C）mm。

A. 1　B. 1.5　C. 2　D. 2.5

55. 防火阀的易熔件应置于阀板迎风侧，熔化温度应符合设计要求，允许偏差为（D）℃。

A. ±3　B. ±4　C. ±2　D. −2

56. 设于建筑结构变形缝的柔性短管，长度应为变形缝的宽度加（A）mm 及以上。

A. 100　B. 120　C. 150　D. 200

57. 圆形风管直径小于或等于（A）mm 时，法兰垫料宜采用整体垫料，更大直径的法兰垫料宜采用拼接。

A. 200　B. 250　C. 300　D. 400

58. 边长≤（C）mm 的支风管与主风管的连接时，可采用迎风面应有 30°斜面或 $R = 150$mm 弧面的方式。

A. 400　B. 500　C. 630　D. 800

59. 通风空调高压系统工作压力（P）是：$P >$（C）Pa。

A. 1000　B. 1200　C. 1500　D. 2000

60. 风阀不应安装于结构层或孔洞内，阀体周边缝宽度宜大于（D）mm。

A. 250　B. 200　C. 100　D. 150

61. 通风机试运转的连续试运转时间应不少于（B）h。

A. 1　B. 2　C. 2.5　D. 4

62. 除尘系统中的变径管，其长度应大于等于变径管两端直径差的（B）倍。

A. 4　B. 5　C. 6　D. 7

63. 防火阀和排烟阀远距离操作钢绳的套管转弯处不得多于2处，转弯的弯曲半径不得小于（D）mm。

A. 100　B. 150　C. 200　D. 300

64. 百叶窗的叶片角度，一般情况下采用（B）。

A. 15°　B. 30°　C. 45°　D. 60°

65. 空调系统自动控制中的命令机构就是（C）。

A. 敏感元件　B. 执行机构　C. 调节器　D. 本体

66. 低压通风机的全压值低于（A）mmH_2O。

A. 100　B. 300　C. 200　D. 400

67. 除尘器垂直度的安装总偏差应小于等于（C）mm。

A. 5　B. 15　C. 10　D. 20

68. 排烟防火阀具有防火功能，当烟气温度达到（D）℃时，可通过温度传感器或手动将叶片关闭，切断烟气流动。

A. 320　B. 70　C. 180　D. 280

69. 风管与风机、风机箱、空气处理机等设备的相连处应设置柔性短管，其长度宜为（A）mm 或按设计规定。

A. 150～300　B. 100～150　C. 150～200　D. 200～250

70. 风管、配件穿墙安装时，法兰距离墙面不应小于（B）mm。

A. 150　B. 200　C. 250　D. 300

71. 风帽安装高度超出屋面（A）m 时，应用镀锌铁丝或圆钢拉索固定。

A. 1.5　B. 1.0　C. 1.8　D. 2.0

72. 安装高效过滤器要检查过滤器框架或边口端面平整度，允许偏差为±（C）mm。如超过允许偏差，只允许调整过滤器安装的框架端面，不允许矫正过滤器本身的外框。

A. 0.5　B. 1.5　C. 1.0　D. 2.0

73. 空调系统带冷（热）源的正常联合试运转持续时间不应少于（C）h，当竣工季节与设计条件相差较大时，可仅做不带冷（热）源的试运转。

A. 2　B. 4　C. 8　D. 24

74. 测定风管的泄漏率，要求通风机的全压是被测系统的（D）倍以上。

A. 0.5　B. 1　C. 1.5　D. 2

75. 弹簧式防火阀安装在通风空调系统中，平时为常开状态。当发生火灾并且防火阀中流通的空气温度高于（B）℃时，内设机构动作，使阀门关闭，防止火焰通过风管而蔓延。

A. 120　B. 70　C. 180　D. 280

76. 吸气口加边框以后，排风量可减少（A）%左右。

A. 20　B. 15　C. 25　D. 10

77. 金属风管垂直安装，垂直度的允许偏差每米不应大于2mm，总偏差不应大于（D）mm。

A. 5　B. 10　C. 15　D. 20

78. 风机试运转前，盘动叶轮，应无擦碰及卡阻现象，叶轮旋转方向必须正确，运转平稳、无异常振动及声响。连续运转2h后，滑动轴承不得超过（C）℃。

A. 45　B. 60　C. 70　D. 80

79. 测定风管内的平均风速时，为避免涡流影响，测点应选定在局部阻力之后大于或等于（D）倍管径（或矩形风管大边尺寸），在局部阻力之前大于或等于1.5～2倍管径（或矩形风管大边尺寸）的直管段上。

A. 1.5～2　B. 2～3　C. 3～4　D. 4～5

80. 风阀的操作面距墙、顶棚和其他设备、管道的有效距离不得小于（B）mm。

A. 150　B. 200　C. 250　D. 300

81. 通风空调系统总风量调试结果与设计风量的偏差不应大于(B)%。

A. 15　B. 10　C. 8　D. 5

82. 系统经过平衡调整，各风口或吸风罩的风量与设计风量的允许偏差不应大于（A)%。

A. 15　B. 10　C. 8　D. 5

83. 水平风管安装，当风管直径或大边长度大于（D）mm 时，支吊架间距不应大于3m。

A. 200　B. 250　C. 300　D. 400

84. 面积不大的送风口的平均风速常用匀速移动法测量，即将叶轮风速仪沿整个断面按一定的路线缓慢移动，测定不应少于（C）次，取其平均值。

A. 5　B. 4　C. 3　D. 2

85. 送风口的平均风速采用定点测量法时，将风口划分为若干个面积相等的小块，在小块中心测量风速。对于尺寸较大的矩形风口，可分为（D）个小块进行测量，风口平均风速可取算术平均值。

A. 12 ~ 15　B. 15 ~ 18　C. 6 ~ 9　D. 9 ~ 12

86. 初效过滤器用来过滤新风中尘埃粒径大于等于（A）μm 的沉降性微粒和各种异物。

A. 5　B. 8　C. 15　D. 10

87. 微穿孔板消声器属于阻抗性消声器，其穿孔板的孔径于小于等于（D）mm。

A. 4　B. 3　C. 2　D. 1

88. 风管沿墙体或楼板安装时，距离墙面、楼板宜大于（C）mm。

A. 50　B. 80　C. 150　D. 100

89. 可伸缩性金属或非金属软风管的长度不宜超过（D）m。

（提示：软风管不是风管与设备相连的柔性短管）

A. 0. 5　B. 0. 8　C. 1　D. 1. 5

90. 风管采用薄钢板法兰、C 形插条法兰、S 形插条法兰连接时，其支吊架间距不应大于（B）m。

A. 4　B. 3　C. 2. 5　D. 5

91. 洁净室安装确认后，应进行“空态”或“静态”条件下的运行，再带冷（热）源系统联合试运转不少于（C）h。

A. 4　B. 6　C. 8　D. 12

92. 防排烟系统或输送温度高于（B）℃的烟气或空气的风管，法兰垫料应采用耐热橡胶或石棉橡胶板等耐温防火材料。

A. 60　B. 70　C. 80　D. 100

93. 安装在高处的风阀，其手动操纵装置距楼面或操作平台宜为（D）m

A. 0. 5 ~ 0. 8　B. 1 ~ 1. 2　C. 1. 2 ~ 1. 5　D. 1. 5 ~ 1. 8

94. 垂直单向流洁净室的气流风速一般是（B）m/s，像“活塞”一样自上向下平推，把室内污染空气推向洁净室底部的回风道排出。

A. 0. 6 ~ 0. 8　B. 0. 3 ~ 0. 5　C. 1. 0 ~ 1. 2　D. 1. 2 ~ 2. 0

95. 在标准状况下，风机的全压 p 小于 14710Pa 者称为通风机。低压离心式通风机的全压 $p \leqslant$（C）Pa。建筑用通风空调系统大多使用低压通风机。

A. 2942 ~ 14710　B. 980 ~ 2942　C. ≤980　D. 1200

96. 金属风管水平安装，水平度的允许偏差每米不应大于 3mm，总偏差不应大于（D）mm。

A. 5　B. 10　C. 15　D. 20

97. 风管接口不得安装在墙内或楼板中，风管沿墙面或楼面安装时，距离墙面、楼面宜大于（A）mm。

A. 150　B. 120　C. 100　D. 80

98. 风管穿过防火、防爆的墙体或楼板时，其钢板厚度不应小于（C）mm。

A. 2.5　B. 2　C. 1.6　D. 1.2

99. 输送空气温度高于（B）℃的风管称为高温风管，安装时应按设计规定采取隔热防护措施。

A. 100　B. 80　C. 60　D. 50

100. 吊装前风管连接的长度，应根据风管的壁厚、法兰、风管的连接方法和吊装方法等具体情况而定，一般可组装成长度为（C）m 左右的管段，进行吊装。

A. 6～9　B. 3～6　C. 10～12　D. 15～30

3.2　判断题

1. 空气的物理性质不仅取决于组成成分，而且也与它所处的状态有关，空气的状态可用一些物理量来表示，例如压力、温度和湿度等，这些物理量称为空气的状态参数。(√)
2. 在通风工程上一般不用物理大气压而用工程大气压，一个工程大气压为 9806.6Pa。(√)
3. 绝对温标或国际实用温标开尔文（T）的符号为“°K”。(×)
4. 塑料复合钢板是在 Q215、Q235 钢板上喷涂上厚度为 0.2～0.4mm 的软质或半硬质塑料膜，使钢板既耐腐蚀又具有普通薄钢板的加工性能和强度。(√)
5. 不锈钢板风管制作，板厚小于或等于 1.2mm，采用咬口连接，板厚大于 1.2mm，采用焊接。(×)
6. 矩形风管的传统连接方式是角钢法兰连接（目前仍然在使用），在新的技术规程中，新型连接方式主要分为薄钢板法兰连接和插条连接两大类。(√)
7. 矩形风管连接的允许最大间距，是指任何规格风管采用不同形式连接时，风管管段允许的最大长度。当风管管段长度超出此限时，应实施加固。(×)
8. 当圆形风管（不包括螺旋风管）管段表面积大于 $4m^2$ 时，均应采取加固措施。(√)

9. 矩形低压风管单边平面积大于 $1.2m^2$，中、高压风管大于 $1.0m^2$，均应采取加固措施。(√)
10. 当圆形薄钢板风管直径 $D < 360mm$ 时，法兰应采用扁钢制作。(×)
11. 当圆形薄钢板风管直径 D 为 630mm 时，法兰应采用角钢制作。(√)
12. 薄钢板矩形风管大边长 b 为：$1500 < b \leqslant 2500mm$ 时，法兰应采用∟ 50×50×5 角钢制作。(×)
13. 为了使法兰与风管组合时松紧适度，应保证法兰内径尺寸不超过偏差值。圆形法兰、矩形法兰的内径、内边尺寸允许偏差均为正偏差，即比风管外径尺寸大 3~4mm。(×)
14. 一般中、低压风管系统法兰螺栓孔和铆钉的间距应不大于 150mm，高压风管系统不大于 100mm。(√)
15. 组合式薄钢板法兰与风管连接可采用铆接、焊接（非镀锌板材）或本体冲压连接。低、中压风管与法兰的铆（压）接点间距应小于或等于 150mm；高压风管的铆（压）接点间距应小于或等于 100mm。(√)
16. 不锈钢风管的法兰用料采用碳钢材料时，宜用涂料防腐，无需采取表面镀锌、镀铬等处理措施。(×)
17. 圆形法兰和矩形法兰制作的质量通病之一是法兰表面不平整，尺寸不规则，互换性差，如圆形法兰旋转任何角度、矩形法兰旋转 180°后，与同规格的法兰螺孔不重合。(√)
18. 焊接是金属板材连接的主要方式之一。在板材较薄时，接缝及角缝不得采用搭接缝及搭接角缝。(×)
19. 当圆形风管（不包括螺旋风管）直径大于或等于 900mm，且其管段长度大于 1350mm 时，均应采取加固措施。(×)
20. 通风空调系统工作压力（P）的划分是：$P \leqslant 500Pa$ 为低压系统，$500Pa < P \leqslant 1500Pa$ 为中压系统，$P > 1500Pa$ 为高压系统。一般通风空调系统属于中、低压系统。(√)
21. 矩形低压风管单边平面积大于 $1.8m^2$，中、高压风管大于

1.5m²，均应采取加固措施。(×)

22. 一般通风空调系统属于中、低压系统，其工作压力（P）的划分是：$P \leqslant 500$Pa 为低压系统，$500\text{Pa} < P \leqslant 1500$Pa 为中压系统。(√)

23. 塑料复合钢板常用于防尘要求较高的空调系统和温度为 -10～70℃的耐腐蚀系统。塑料复合钢板分单面覆层和双面覆层两种。(√)

24. 为了防止咬口在运输或吊装过程中裂开，圆形风管的直径大于 800mm 时，其纵向咬口的两端用铆钉或点焊固定。(×)

25. 风管外径或外边长的允许偏差应按负偏差控制，当外径或外边长大于 300mm 时为 -3～0mm。(√)

26. 风管管口平面度的允许偏差均为 2mm。(√)

27. 长度大于或等于 1m 的单根直风管应设置 1 个固定点。(×)

28. 矩形风管端面两条对角线长度之差不应大于 4mm。(×)

29. 空气洁净系统法兰螺栓的间距不应大于 120mm，法兰铆钉间距不应大于 100mm。(√)

30. 风口表面应平整，边框四角不得有空隙，叶片比边框应小 0.5～1.0mm，风口叶片应平直，间距应均匀，两端轴的中心应在同一直线上，叶片转动灵活。(√)

31. 风口外形与设计尺寸的允许偏差不应大于 2mm，矩形风口两对角线之差不应大于 3mm。(√)

32. 当矩形风管大边尺寸为 800～1250mm 时，如符合加固条件，可采用∟25×25×4 角钢做加固框。(√)

33. 高压洁净风管系统的法兰螺栓和铆钉的间距不应大于 120mm。(×)

34. 当圆形风管（不包括螺旋风管）管段总表面积大于 5m² 时，应采取加固措施。(×)

35. 洁净系统风管直径或长边大于 630mm，宜选用厚度为 6～8mm 的闭孔海绵橡胶板作密封垫料。(√)

36. 空气洁净度等级较低的系统，可以采用厚度为 3～5mm 橡胶

板作密封垫料。(√)

37. 防火阀及排烟阀外框与阀板的材料厚度严禁小于 1.5mm。(×)

38. 设计无规定时，圆形风管离墙、柱的距离宜在 100mm 或 150mm 以内。(√)

39. 保温风管长边长度大于 800mm，管段长度大于 1250mm，应采取加固措施。(√)

40. 圆形风口应做到各部分圆弧均匀一致，任意正交两直径的允许偏差不应大于 1.5mm。(×)

41. 保温低压风管单边平面积大于 1.2m^2、中、高压风管大于 1.0m^2，均应采取加固措施。(√)

42. 当矩形风管大边尺寸为 1250～2000mm 时，如符合加固条件，可采用∟25×25×3 角钢做加固框。(×)

43. 加工直径较大的三通时，为避免三通高度过大，应采用较大的交角，一般通风系统为 25°～50°。(×)

44. 防火阀及排烟阀的易熔件应符合设计要求，允许偏差为 -3℃。(×)

45. 在空气中的浓度小于或等于 65g/m^3 能引起爆炸的粉尘，称为具有爆炸危险的粉尘。(√)

46. 法兰垫片应尽量减少拼接，且不允许直缝对接，接头应采用梯形或榫形方式对接，并应涂胶粘牢。(√)

47. 除尘系统吸入管段的调节阀，不宜安装在垂直管段上。(×)

48. 安装高效过滤器时，要检查过滤器框架或边口端面的平直性，端面平整度的允许偏差为 ±1mm。如超过允许偏差时，只允许调整过滤器安装的框架端面，不允许矫正过滤器本身的外框。(√)

49. 设计无规定时，矩形风管离墙、柱的距离宜在 160mm 或 200mm 以内。(√)

50. 通风机的流量是指在标准状态（压强为 101.325kPa、温度为20℃、相对湿度为50%）下，单位时间内流过通风机入口的气体的体积，也就是体积流量，又称为风量，用Q表示，单位为m^3/s或m^3/h。(√)

51. 风管穿楼板安装时，法兰距离楼板不应小于250mm。(×)
52. 用于输送温度低于80℃的空气，输送产生凝结水或含有水蒸气的潮湿空气的风管，法兰垫料应采用橡胶板、闭孔海绵橡胶板。(×)
53. 设计无规定时，圆形风管离墙、柱的距离宜在200mm或250mm以内。(×)
54. 水平风管安装，圆形风管直径或矩形风管大边长度尺寸小于或等于400mm时，支吊架间距不应大于4m。(√)
55. 当水平悬吊的主、干风管长度超过12m时，应设置1~2个防止晃动的固定支架。(×)
56. 风管水平安装时，吊杆距风管末端不应大于2m。(×)
57. 对于通风系统来说，噪声来源主要是气流噪声。(√)
58. 风管水平安装时，在距水平弯管300mm范围内应设置一个支架。(×)
59. 风管垂直安装时，其支架间距不应大于2.5m。(×)
60. 在通风系统中，一般三通分支管与直通管的夹角不宜超过60°。(√)
61. 通风机的压力是指单位体积的气体，流过通风机出口断面的能量与流过入口断面的能量之差，即单位体积的气体流过通风机时获得的总能量，也称为通风机的全压或风压，用p表示，单位为Pa。(√)
62. 风管水平安装时，吊杆与矩形风管侧面的距离不宜大于150mm。(√)
63. 风管如有缩小角，应在45°以下。(×)
64. 风管水平安装时，在支管距干管1.2m范围内应设置一个支架；(√)
65. 可伸缩性金属或非金属软风管在支架间的最大允许挠度宜小

于40mm/m，并不应有死弯或塌凹。(√)

66. 窗式空调器安装，当无设计要求时，箱式防罩的长、宽应比空调器大100mm为宜。(√)
67. 除尘器安装的平面位移允许偏差为10mm。(√)
68. 当前执行的《通风与空调工程施工质量验收规范》的编号是GB 50243—2002。(√)
69. 现场组装的除尘器壳体应做漏风量检测，在设计工作压力下允许漏风率为5%，其中离心式除尘器为3%。(√)
70. 常用的防火阀主要有重力式和弹簧式，平时为常开状态。当发生火灾并且防火阀中流通的空气温度高于80℃时，易熔片熔断。(×)
71. 不锈钢板风管壁厚小于或等于1mm，可采用咬接连接。(√)
72. 系统与风口的风量必须经过调整达到平衡，各风口风量实测值与设计值偏差不应大于20%。(×)
73. 用于风管与设备（如风机）连接的柔性短管，也可以作为异径管使用。(×)
74. 一般通风系统的柔性短管应用帆布、铝箔玻璃丝布或人造革制成。(√)
75. 输送腐蚀性气体的通风系统，柔性短管应用耐酸橡胶或软聚氯乙烯塑料布制成。(√)
76. 洁净风管与部件可以采用S形插条、C形直角插条及立联合角插条的连接方式和按扣式咬口。(×)
77. 输送潮湿空气或装于潮湿环境中的柔性短管，应采用涂胶帆布制作。(√)
78. 洁净风管边长小于1200mm，不允许有纵向接缝。(×)
79. 洁净风管直径或长边大于630mm，宜选用厚度为3～5mm的闭孔海绵橡胶板。(×)
80. 无机玻璃钢风管吊装时，边长或直径大于1250mm的风管组合吊装时不得超过3节。(√)

81. 安装风机盘管位置处应设置为活动吊顶板，其尺寸比风机盘管周边各大约100mm，以便于维修及更换风机盘管。(×)
82. 一般薄钢板风管，内表面应涂防锈底漆2道，外表面应涂防锈底漆1道、面漆（调和漆等）2道。(√)
83. 无机玻璃钢风管边长为500～1200mm时，支吊架间距应小于或等于3m；(×)
84. 输送高温气体时，柔性短管必须使用不燃材料，如石棉布制成。(√)
85. 洁净风管边长大于1400mm、小于或等于2200mm时，允许有2条纵向接缝。(×)
86. 测定风管内的平均风速，测定断面应选择在气流稳定的直管段上，即按气流方向，选定在局部阻力之后大于或等于1.5～2倍管径(或矩形风管大边尺寸)及局部阻力之前大于或等于4～5倍管径(或矩形风管大边尺寸)的直管段上。(×)
87. 空调系统总风量调试结果与设计风量的偏差不应大于10%；(√)
88. 空调系统经过平衡调整，各风口或吸风罩的风量与设计风量的允许偏差不应大于15%。(√)
89. 风帽安装高度超出屋面1.8m时，应用镀锌铁丝或圆钢拉索固定。(×)
90. 风管采用薄钢板法兰、C形插条法兰、S形插条法兰连接时，其支吊架间距不应大于3m。(√)
91. 洁净系统风管直径或长边小于或等于630mm，宜选用厚度为5mm的闭孔海绵橡胶板作密封垫料。(√)
92. 在标准状况下，风机的全压 p 小于14710Pa者称为通风机。(√)
93. 建筑用通风空调系统大多使用低压通风机，低压离心式通风机的全压 $p=980\sim2942$Pa。(×)
94. 防火阀是防火阀、防火调节阀、防烟防火阀、防火风口的总称。防火阀与防火调节阀的区别在于后者的叶片开度可在

0～90°范围调节风量。(√)

95. 通风空调中压系统的工作压力（P）为：500Pa ＜ P ≤ 1500Pa。(√)

96. 系统经过平衡调整，各风口或吸风罩的风量与设计风量的允许偏差不应大于8%。(×)

97. 弹簧式防火阀安装在风管系统中，当发生火灾并且防火阀中流通的空气温度高于180℃时，内设机构动作，使阀门关闭，防止火焰通过风管而蔓延。(×)

98. 初效过滤器用来过滤新风中尘埃粒径大于等于10μm的沉降性微粒和各种异物。(×)

99. 送空气温度高于70℃的风管称为高温风管，安装时应按设计规定采取隔热防护措施。(×)

100. 在机房层高允许条件下，风机出口离弯管的距离宜为风机出口大边尺寸的2倍以上，如受到层高限制不能按上述规定安装时，应采取降低局部阻力的措施，如在弯管内设导流叶片等。(√)

3.3 简答题

1. 空气湿度有几种表示方法？

答：空气湿度的表示方法有：绝对湿度、含湿量和相对湿度。

2. 什么是空气的绝对湿度？

答：绝对湿度是指在$1m^3$空气中含有水蒸气的重量（g），单位是：g/m^3。

3. 什么是空气的含湿量？

答：空气的含湿量是指在湿空气中，与1千克干空气混合在一起的水蒸气的重量（g），单位是g/kg。

4. 什么是空气的相对湿度？

答：相对湿度是指空气实际绝对湿度接近饱和绝对湿度的

程度，即空气的绝对湿度（γ_{qi}）与同温度下饱和绝对湿度（γ_{bo}）的比值，用百分数表示。即

$$\phi = \frac{\gamma_{qi}}{\gamma_{bo}} \times 100\%$$

5. 简述空气调节系统的任务。

答：由于生产工艺和生活的需要，空气调节系统应保证室内空气的温度、湿度、风速及洁净度保持在一定范围内，而且不因室外气候条件和室内各种条件的变化而受到影响。

6. 通风施工图一般由哪些部分组成?

答：通风施工图一般由平面图、剖面图、系统轴测图以及详图（大样图）、文字说明等组成。

7. 什么是风管系统的现场实测?

答：实测就是在建筑物中测量与安装通风系统有关的建筑结构尺寸，通风管道预留孔洞的位置和尺寸，通风设备进出口的位置、高度、尺寸等。

8. 简述一般装配式空调机组的主要组成部分。

答：一般装配式空调机组的主要组成部分包括各种功能段，如新回风混合段、初效空气过滤段、中效空气过滤段、表面冷却器段、喷水室段、蒸汽加热段、热水加热段、加湿段、二次回风段、风机段。空调机组组合中如无风机段，则可采用外装形式的风机。

9. 风道设计的原则是什么?

答：风管设计时，总的应考虑经济适用的原则，具体主要是：(1) 应尽量设计圆形断面风管；(2) 设计时应通过对不同流速下建设投资和运行费用比较，使风管投资和运行费用的总和最经济；(3) 弯管不宜过急，以减小局部阻力损失。

10. 简述洁净空调系统的类型。

答：洁净空调系统大致分为集中式和分散式两种类型。集中式洁净空调系统是指空气处理设备集中，送风点分散，就是在机房内集中处理空气，然后分别送入各洁净室的空调系统。

分散式洁净空调系统则相反，是指将机房、输送系统和洁净室紧密结合在一起而成的空调系统。

11. 什么是洁净室？

答：所谓洁净室，指对空气中的尘粒物质及空气的温度、湿度、压力、流向实行控制的密闭空间，根据工艺要求的不同，其室内空气中的尘粒个数不得超过现行空气净化标准的具体规定。

12. 什么是单向流洁净室？

答：单向流洁净室又称为层流洁净室。根据气流流动方向又可分为垂直向下式（即垂直层流式）和水平平行式（即水平层流式）两种。它的作用是利用活塞原理使干净的空气沿着房间四壁向前推压，把含尘浓度较高的空气挤压出室内，使洁净室的尘埃浓度保持在允许范围内。

13. 简述风管制作铆钉连接的主要要求。

答：风管制作时铆钉连接铆钉直径 $d=2s$（s 为板厚），但 d 不得小于3mm，铆钉长度 L 可按直径的2~3倍选用。铆钉孔中心到板边的距离为3~4d。铆钉之间的间距一般为40~100mm，铆钉孔直径只能比铆钉直径大0.2mm，不宜过大。

14. 简述风管制作时焊接连接的主要方法。

答：制作风管及配件时常用的焊接方法有电焊、气焊、氩弧焊、点焊、缝焊以及锡焊，可根据工程需要、工程量大小或装备条件选用。

15. 风管的加固方法有哪几种？

答：风管的加固方法有起高接头（立咬口）、角钢框加固、角钢加固、风管壁棱线、风管壁滚槽、风管内壁加固等多种形式。

16. 简述矩形风管的新型连接方式。

答：矩形风管的传统连接方式是角钢法兰连接（目前仍然在使用），其新型连接方式，前几年统称为无法兰连接，在新的技术规程中，主要分为薄钢板法兰连接和插条连接两大类。

17. 简述空调工程的安装工艺流程。

答：配合预埋、预留或检查土建预留、预埋的部件→测绘施工草图→风管和管件制作→设备及支吊架安装→风管与支吊架安装→风管与设备连接→调试→投入运行。

18. 通风空调施工工厂化生产的目的是什么？

答：凡能在车间或工厂内完成的管道、配件、部件、设备的加工预制工作均在车间或工厂内完成，将现场的安装工程量压缩到最低限度，以充分利用机械设备和比较好的加工条件，提高工程质量，加速施工进度，缩短施工周期，降低工程成本。安装企业组织通风空调工程施工时，工厂化生产是发展方向。

19. 简述金属风管咬口的生产工艺流程。

答：工件画线与切割→预制半成品（轧成咬口、轧成曲线咬口、钢板卷圆或折方、轧制弯头咬口）→工件装配（通风管件装配、咬口及合缝、装配弯头、装配插条式风管）→装配法兰→涂漆→送入仓库或工地安装。

20. 简述轴流式通风机的工作原理。

答：由于叶轮具有斜面形状，所以当叶轮在机壳中转动时，空气一方面随着叶轮转动，另一方面沿着轴向前进，因为空气在机壳中始终沿着轴向流动，故称为轴流式风机。

21. 简述蒸汽压缩式制冷的工作原理。

答：蒸汽压缩式制冷的工作原理是使制冷剂经过压缩机、冷凝器、膨胀阀和蒸发器等热力设备，进行压缩、放热、节流和吸热四个主要热力过程，完成制冷循环。

22. 简述矩形风管不同外框加固形式。

答：矩形风管不同外框加固的形式有：角钢加固、薄钢板直角形加固、薄钢板Z形加固和薄钢板槽形加固。

23. 简述说明碳素结构钢牌号的表示方法，并举例。

答：碳素结构钢牌号的表示方法是由代表屈服点的字母Q、屈服点的数值、质量等级符号A、B、C、D以及脱氧方法符号F、b、Z、TZ等四个部分按顺序组成。

例如最常用的Q235AF，Q235表示钢材强度的屈服点为

235MPa，A 表示质量等级（A、B 表示有害杂质磷、硫含量较多，C、D 表示有害杂质磷、硫含量较少），脱氧方法符号，F、b、Z、TZ 分别表示沸腾钢、半镇静钢及镇静钢和特殊镇静钢，此类符号可省略。

24. 不锈钢风管制作时，在不锈钢板焊接后，应做何处理？

答：不锈钢板焊接后，应使用不锈钢钢丝刷刷去焊缝及其影响区内的焊渣及飞溅物。必要时可配制不锈钢酸洗液进行酸洗，再用热水冲洗干净。

25. 制作铝板风管时应采取哪些保护铝板表面氧化膜的措施？

答：铝板风管制作过程中，因采取保护铝板表面氧化铝薄膜的措施，如在画线下料的平台上铺设橡胶板，放样画线时不用硬质金属画针，钢板咬口尽量采用机械成型，手工咬口时使用木方尺或木槌。

26. 简述硬聚氯乙烯矩形及圆形变径管、天圆地方的成型方法。

答：矩形及圆形变径管、天圆地方用热加工方法成型，可按金属风管展开放样下料，并留出加热后的收缩裕量。矩形变径管可按矩形风管方法加热折方成型；圆形变径管和天圆地方，应将已切割下好料的板材放入电热箱中加热，再利用胎模成型。胎模可用薄钢板或木材制成，一般可按整体的 1/2 制作，当断面较大时，也可按整体的 1/4 制作。

27. 简述空气处理设备的控制方法。

答：在空调系统中，除使用喷水室处理空气外，还常使用水冷式表面冷却器或直接蒸发式表面冷却器，水冷式表面冷却器控制可以采用直通或三通调节阀。直接蒸发式冷却盘管控制，一方面靠室内温度敏感元件通过调节器使电磁阀双位动作，另一方面膨胀阀自动地保持盘管出口冷剂吸气温度一定。

28. 风机的电动机电流过大、温升过高的原因是什么？

答：电动机电流过大、温升过高。其原因主要有：风机启动时进风管的调节阀开度较大，使风机的风量超过额定风量范围；电动机的输入电压过低或电源单相断电；受轴承箱振动剧烈的影响。

29. 简述离心式通风机的工作原理。

答：风机叶轮在电动机带动下随机轴一起高速旋转，叶片间的气体在离心作用下由径向甩出，同时在叶轮的吸气口形成真空，外界气体在大气压力的作用下被吸入叶轮内，以补充排出的气体，由叶轮甩出的气体进入机壳后被压向风道，如此源源不断地将气体输送到需要的场所。

30. 通风空调系统风量测定调整的目的是什么?

答：通风空调系统风量测定调整的目的是使系统总风量（包括送风量、回风量、新风量及排风量等）和各分支管的风量符合设计要求。

31. 简述除尘系统的组成。

答：除尘系统主要由排风罩（吸尘装置）、通风管道、除尘器和通风机4部分组成。

32. 简述除尘器的安装要求。

答：除尘器的型号、规格、进出口方向必须符合设计要求。安装前应认真阅读产品说明书。安装位置应正确、牢固平稳。现场组装的除尘器壳体应做漏风量检测，在设计工作压力下允许漏风率为5%，其中离心式除尘器为3%。除尘器安装的允许偏差应符合规范的规定。除尘器的活动或转动部件的动作应灵活可靠，排灰阀、卸料阀、排泥阀的安装应严密，并便于操作与维修。

33. 简述风口的种类。

答：风口的种类较多，按使用对象有通风系统风口和空调系统风口。通风系统中常用圆形风管插板式送风口、旋转吹风口，单面或双面百叶送、吸风口、矩形空气分布器等。空调系统中常用侧送风口、圆形或方形直片式散流器、直片式送吸式散流器和流线型散流器、孔板式送风口、喷射式送风口、旋转送风口及网式回风口、箅板式回风口等。

34. 什么是液压传动?

答：液压传动是用液压泵将机械能转换成液压能，然后通过液压元件对液体的压力、流量和流向进行控制，以驱动工作机构完成所要求的动作。

35. 简述液压传动部分的组成。

答：一般液压传动系统除液压油外，各液压元件按其功能可分成4个部分：

（1）动力部分——液压泵；

（2）执行部分——液压缸和液压马达；

（3）控制部分——包括控制压力、流量和流向的元件，如转向阀、溢流阀等；

（4）辅助部分——包括管路及接头、油箱、滤油器、密封件等。

36. 减振器的种类有哪些?

答：减振器的种类有橡胶剪切减振器、橡胶减振器、空气弹簧减振器、金属螺旋器弹簧减振器、预应力阻尼弹簧减振器、阻尼弹簧减振器、橡胶减振垫等。

37. 如何根据机械转速选用减振器?

答：对于旋转性机械振动，当转速大于或等于1500r/min时，应选用橡胶减振器、橡胶减振垫或其他隔振材料；当转速大于或等于900r/min时，应选用橡胶剪切减振器或弹簧减振器；当转速大于或等于600r/min时，应选用金属螺旋器弹簧减振器、预应力阻尼弹簧减振器、阻尼弹簧减振器；当转速大于或等于300r/min时，应选用空气弹簧减振器。

38. 常用的消声材料有哪些?

答：有玻璃棉、矿渣棉、泡沫塑料、毛毡、木丝板、甘蔗板、加气混凝土、微孔吸声毡等多孔、松散的材料。

39. 测量风压的仪表有哪些?

答：测量通风空调系统风压的常用仪表有皮托管、U形压力计、杯形压力计、倾斜式微压计和补偿式微压计等。

40. 保证质量的五个不施工的内容是什么？

答：做到标准不明确不施工；工艺方法不符合标准要求不施工；环境不利于保证质量要求不施工；机具不完好不施工；上道工序不合格不施工。

3.4 计算题

1. 某空气测点的干空气分压力 $p_g = 97500\text{Pa}$，水蒸气分压力 $p_q = 2600\text{Pa}$，求该点的大气压力 B。

解：

大气压力 $B = p_g + p_q = 97500 + 2600 = 100100\text{Pa}$

答：该点的大气压力为100100Pa。

2. 室内某点的水蒸气分压力 p_q 为5700Pa，同温度下饱和水蒸气分压力 p_q^b 为7800Pa，求相对湿度 φ 是多少？

解：

$$\varphi = \frac{p_q}{p_q^b} \times 100\% = \frac{5700}{7800} \times 100\% = 73.08\%$$

答：相对湿度是73.08%。

3. 某点的水蒸气分压力 p_q 为2900Pa，空气大气压 B 为101200Pa，求含湿量 d 是多少？

解：

含湿量 d 为 $d = 622 \times \frac{p_q}{B - p_q} = 622 \times \frac{2900}{101200 - 2900} =$ 18.35g/kg

答：含湿量为18.35g/kg。

4. 某测点湿空气的含湿量 $d = 60\text{g/kg}$，绝对温度为310K，求该测点湿空气的焓 i 是多少？

解：$i = 1.01(T - 273) + \left[2500 + 1.8(T - 273)\frac{d}{1000}\right]$

$=191.39\text{kJ/kg}$

答：该测点湿空气的焓是191.39kJ/kg。

5. 已知通风机的风量 Q、风压 p 及轴功率 P_a，求其有效功率 P_u 和效率 η。

解：有效功率 P_u 计算式为：

$$P_u = \frac{pQ}{1000}$$

通风机的效率为：

$$\eta = \frac{P_U}{P_a} = \frac{pQ}{1000P_a}$$

答：略。

6. 对于单向流洁净室，无论垂直单向流还是水平单向流，测定气流的截面应距高效过滤器送风面0.3m，截面上测点应均匀布置，间距不应大于0.6m，测点数不应小于5个，把各测点风速的算术平均值作为平均风速，请列出计算洁净室送风量的公式。

解：

$$L = 3600UF$$

式中 L——洁净室送风量（m^3/h）；

F——洁净室测定截面面积（m^2）；

U——洁净室截面平均风速（m/s）。

答：略。

7. 请列出圆风管角钢法兰下料长度的计算公式。

解：

$$L = \pi\left(D + \frac{B}{2}\right)$$

式中 L——角钢下料长度（m）；

π——圆周率，$\pi = 3.1416$；

D——法兰内径（m）；

B——角钢宽度（m）。

答：略。

8. 如第8题图所示，已知来回弯的制作基本尺寸 ϕ、R、α，请确定其安装尺寸偏心距 A 和高度 B。

解：

安装尺寸与制作尺寸的关系为：

$$A = 2(R - R\cos\alpha) = 2R(1 - \cos\alpha)$$

$$B = 2R\sin\alpha$$

答：略。

9. 请计算如第 9 题图所示的内斜线方形弯管的展开净面积 S（已知 $a = 400\text{mm}$，$b = 200\text{mm}$，$c = 50\text{mm}$）。

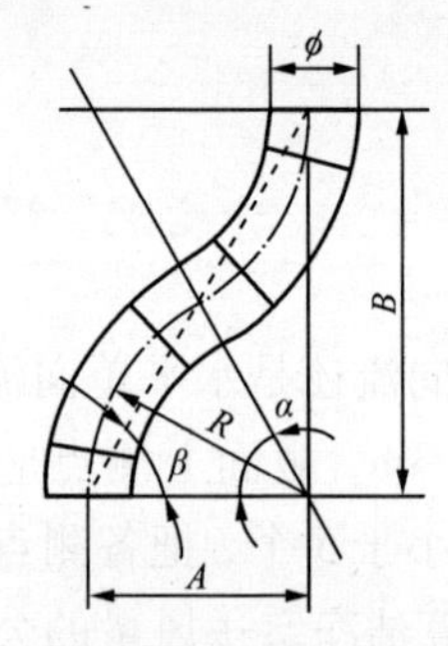

第 8 题图　来回弯

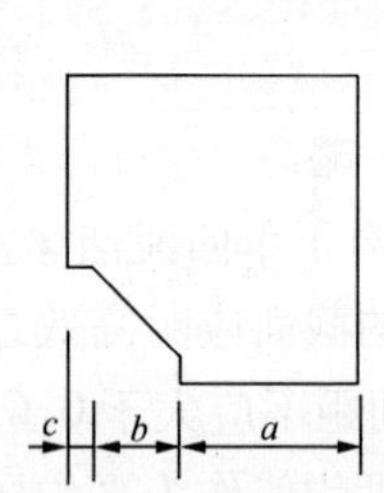

第 9 题图　内斜线方形弯管

解：

$$\begin{aligned} S &= 2(a+b)^2 + 2a(a+b) + 8ca + a \cdot b\sqrt{2} - b^2 \\ &= 0.72 + 0.48 + 0.16 + 0.11 - 0.04 \\ &= 1.43\text{m}^2 \end{aligned}$$

答：展开净面积为 1.43m^2。

10. 已知圆形大小头的大头直径 D 为 500mm，小头直径 d 为 300mm，高 h 为 500mm，请计算其展开面积。

解：圆形大小头的展开面积 S 为

$$\begin{aligned} S &= \pi\left(\frac{D+d}{2}\right) \times \sqrt{\left(\frac{D-d}{2}\right)^2 + h^2} \\ &= 3.14 \times 0.5 \times 0.51 \\ &= 0.8\text{m}^2 \end{aligned}$$

答：展开面积为 0.8m^2。

3.5 作图题

1. 请用作图法表示圆弧连接钝角、锐角两边的方法。

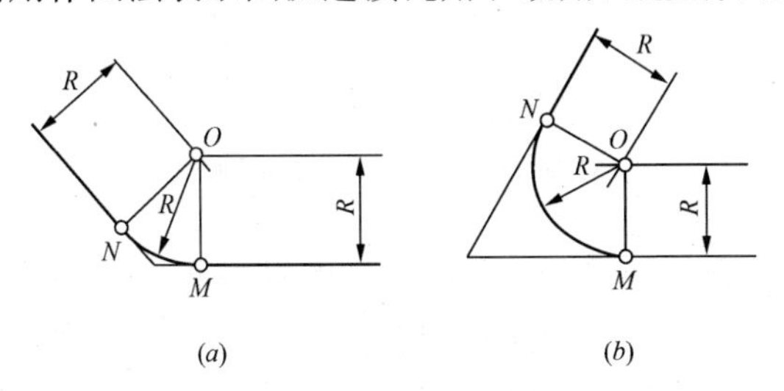

第 1 题图　钝角、锐角直线间的圆弧连接

（*a*）圆弧连接钝角；（*b*）圆弧连接锐角

解：（以下说明只是为了便于理解，回答问题时只需画图）展开放样过程中，有时需要用圆滑的弧线连接相邻两直线段，这种作图方法称为直线间的圆弧连接。圆弧连接就是要使圆弧与相邻直线段相切，以实现线段的圆滑过渡。圆弧与钝角、锐角连接作图方法如第 1 题图所示。其基本步骤为：首先求作连接弧的圆心，它应满足到两个被连接线段的距离均为连接弧半径的条件，然后找出连接点，即连接弧与已知线段的切点，最后在 *N*、*M* 连接点之间画出连接圆弧。用圆弧连接钝角、锐角两边的方法如下：（1）作与已知角两边分别相距为 *R* 的平行线，交点 *O* 即为连接弧的圆心；（2）自 *O* 点向已知角两边作垂线，垂足 *M*、*N* 即为连接点；（3）以 *O* 为圆心，*R* 为半径，在 *M*、*N* 之间画出连接圆弧。

2. 联合角咬口适用于矩形风管和配件四角的咬口；按扣式咬口便于运输和组装，但严密性较差，仅适用于低、中压矩形风管和配件四角的咬口及低压圆形风管的咬口，如应用于严密性要求高的场合应采取密封措施。请画出联合角咬口和按扣式咬口的结构图。

解：联合角咬口和按扣式咬口的结构如第2题图所示。

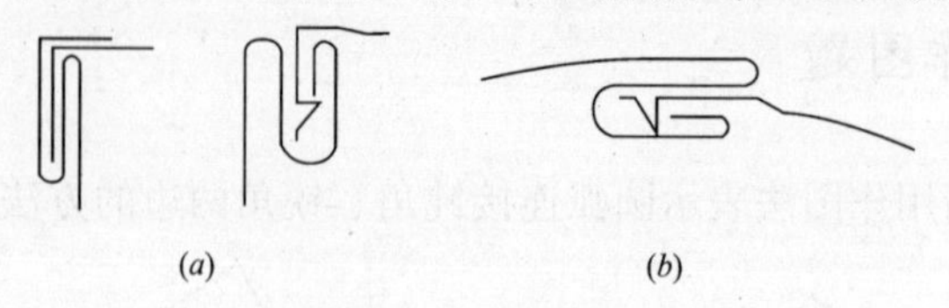

第2题图　咬口连接形式

（a）联合角咬口；（b）按扣式咬口

3. 请用画图、列表方法说明板材厚度为0.5mm以下及0.5~1.0mm、1.0~1.2mm的机械咬口形式和咬口宽度。

解：板材厚度为0.5mm以下及0.5~1.0mm、1.0~1.2mm的机械咬口形式如第3题图所示，咬口宽度一般应符合下表的要求。

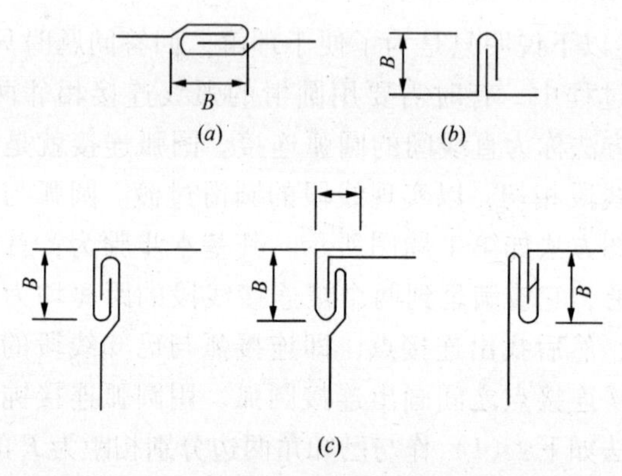

第3题图　咬口形式

（a）单咬口；（b）立咬口；（c）转角咬口

咬口宽度（mm）

钢板厚度	单咬口宽度 B	立咬口、角咬口宽度 B
0.5以下	6~8	6~7
0.5~1.0	8~10	7~8
1.0~1.2	10~12	9~10

4. 焊接是板材连接的主要方式之一，请画出风管采用焊接连接时，搭接角缝、扳边缝、扳边角缝的结构形式。

解：风管焊接连接时角缝和搭接缝的结构形式如第 4 题图所示。

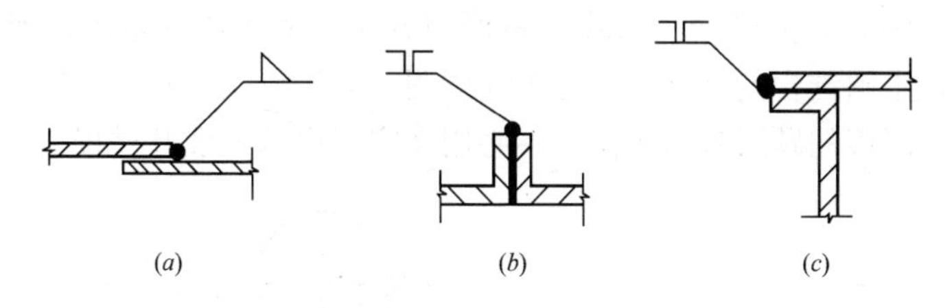

第 4 题图　风管焊缝形式

（a）搭接角缝；（b）扳边缝；（c）扳边角缝

5. 当风管采用焊接连接时，为了防止焊接变形，可采用逐步退焊法、分中逐步退焊法、跳焊法、交替焊法；对较短的焊缝，可采用分中对称焊法。请画图表示跳焊法、交替焊法；对较短的焊缝，可采用分中对称焊法。

解：风管的跳焊法、交替焊法和分中对称焊法如第 5 题图所示。

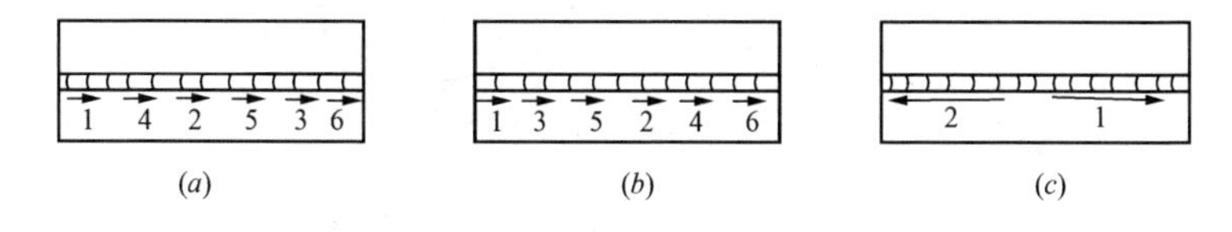

第 5 题图　不同焊接顺序的对接焊缝

（a）跳焊法；（b）交替焊法 ；（c）分中对称焊法

6. 请用画出第 6 题图（a）所示正圆锥台的展开图。

解：提示：第 6 题图（a）所示的正圆锥台，由于其锥度小，下口直径大，如采用放射法展开则受到工作条件限制，可采用三角形展开法。

画展开图的步骤是：

（1）作出主视图（b）和俯视图（c），将其上下口分成 12

等份，使表面组成24个三角形，见第6题图（*b*）、（*c*）。

（2）采用直角三角形法求1～2线的实长。如第6题图（*b*）主视图右，作正圆锥台的高1～1′，在下口延长线上取1′～2′等于水平投影中的1～2，连接1～2′，即为1～2线的实长。

（3）按照已知三边作三角形的方法，依次作三角形，即可得到正圆锥台的展开图，见第6题图（*d*）。

回答问题时只需画图，不必用文字写出以上展开过程。

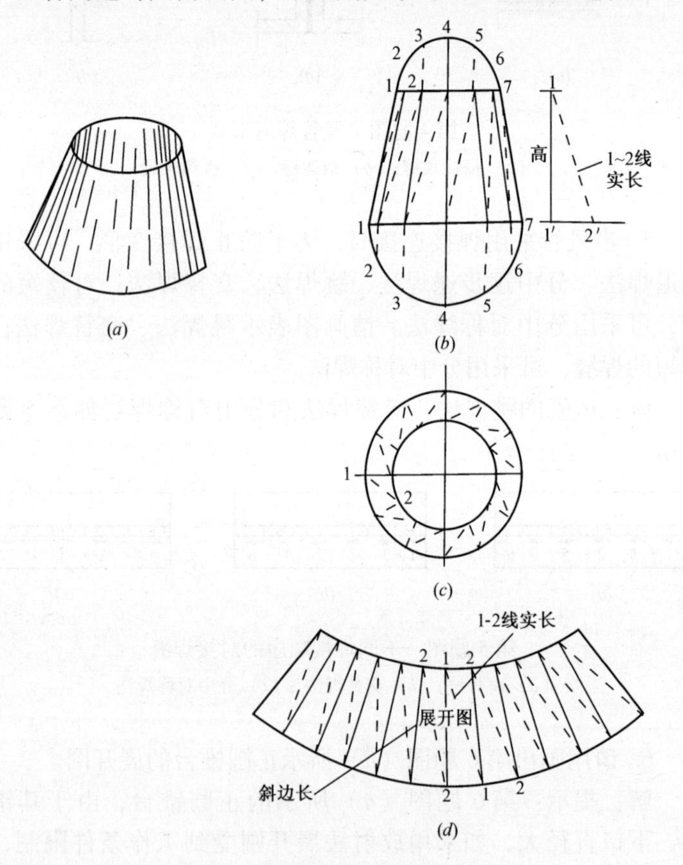

第6题图　正圆锥台的展开

（*a*）立体图；（*b*）主视图；（*c*）俯视图；（*d*）展开图

7. 请用三角形法画出第 7 题图所示正心天圆地方的展开图。

解：提示：天圆地方用于圆形断面与矩形断面的连接，例如圆形风管与通风机、空气加热器等设备的连接。天圆地方分为正心天圆地方和偏心天圆地方，正心天圆地方的俯视图和主视图如第 7 题图所示。请用三角形法画出其的展开图。

回答问题时只需画图，不必用文字写出以上展开过程。

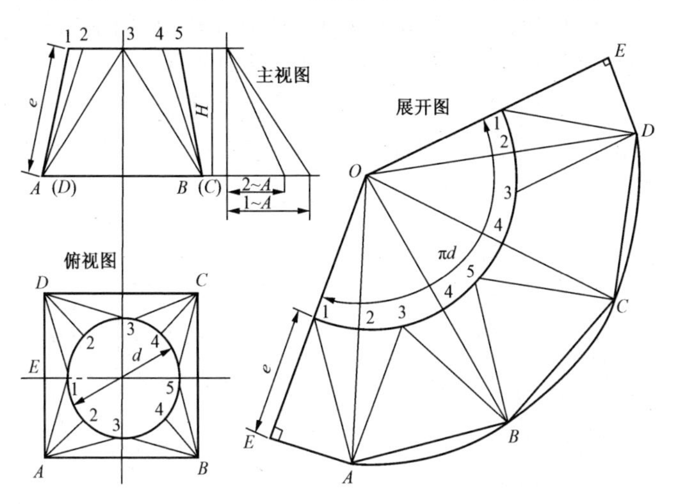

第 7 题图　正心天圆地方展开图

8. 请用画出第 8 题图所示圆形斜三通的展开图。

解：提示：第 8 题图所示的圆形三通，风管的延续部分 1 称为三通的“主管”，分支部分 2 称为三通的“支管”。D_1 表示大口直径，D_2 表示小口直径，D_3 表示支管直径，H 表示的三通的高度，α 表示主管和支管轴线的夹角。

主管和支管轴线的夹角 α，应根据三通直径大小来确定，一般为 15°～60°。α 角较小时，三通的高度较大，α 角较大时，三通的高度较小。加工直径较大的三通时，为避免三通高度过大，应采用较大的交角。一般通风系统三通的夹角为 15°～60°。除尘系统可采用 15°～30°。

主风管和支管边缘之间的开挡距离δ，应能保证便于安装法兰和紧固法兰螺栓。

圆形斜三通展开时，应先按三通的已知尺寸画出如第8题图2所示的主视图。作图时先在板材上画一直线，截取$A \sim B$等于大口直径，从$A \sim B$的中点O画垂直线$O \sim O'$，以三通的高度$O \sim O'$线上截取$O \sim P$，经P点引AB的平行线，并截$C \sim D$等于小口管径，以定点C和D。用直线连接AC和BD即得主管的主视图。再从O点以确定的α角，引$O \sim O''$线，从D点作$O \sim O''$的垂直线相交于M点，以M点为中点，在此线上截取EF等于支管直径，用直线连接EA和FB，即得到三通的主视图。在得到的三通主视图上引$K \sim O$线，$K \sim O$线即为三通主管和支管的接合线。

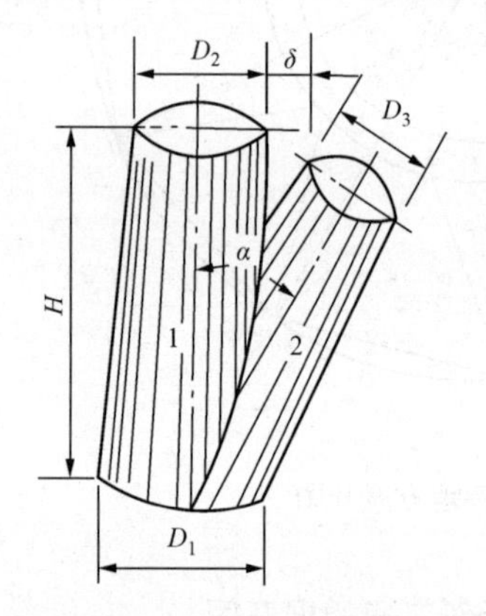

第8题图1　圆形三通示意图

1—主风管延续部分；2—风管分支部分

第8题图2　圆形三通主视图

主管的展开见第8题图3。按主视图上的主管形状将其大口和小口按管径作辅助半圆，将圆周6等份，并按顺序编号，做出相应的外形素线，如第8题图3（a）。然后按大小头的展开方法，将主管展开成扇形，如第8题图3（b）。在扇面上截取$7K$，等于主视图上的$7K$，截取$6M_1$等于主视图上的$6M$实长$7M_1$，截取$5N_1$等于主视图上的$5N$，实长$7N_1$，最后将K、M_1、N_1、$4'$连成圆滑的曲线，即成三通主管部分的展开图。

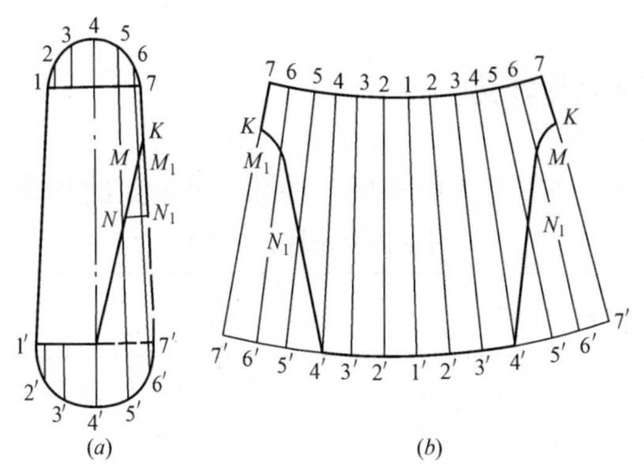

第 8 题图 3　三通主管的展开

三通支管的展开见第 8 题图 4。支管展开时，同样做出辅助半圆并 6 等份，再按顺序编号，画出相应的外形素线。然后按圆形大小头的展开方法，将支管展开成扇面，再在扇面上分别截取 $1K$ 等于主视图上的 $1K$，$2M_1$ 等于 $2M$ 的实长 $7M_1$，$3N_1$ 等于 $3N$ 的实长 $7N_1$，这样即可定出 K、M_1、N_1 三个点。然后截取 $4\sim4'$ 等于实长 $7\sim7'$，$5C_2$ 等于 $5C$ 的实长 $7C_1$，$6D_2$ 等于 $6D$ 的实长 $7D$，$7B$ 等于实长 $7B$，定点 $4'$、C_2、D_2、B，最后连接 K、M_1、N_1、$4'$、C_2、D_2、B 各点，即得三通支管展开的一半。

回答问题时只需画图，不必用文字写出以上展开过程。

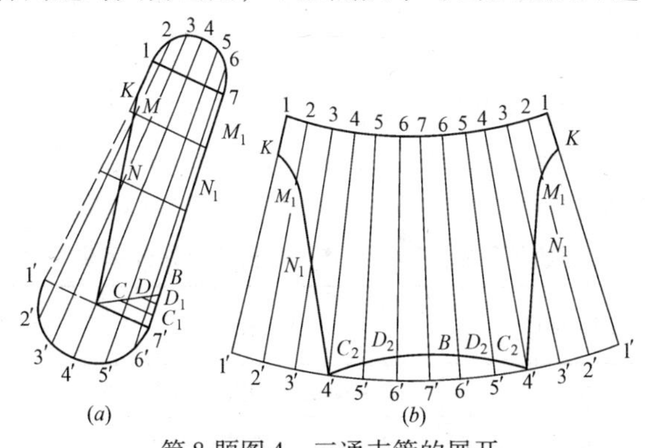

第 8 题图 4　三通支管的展开

（a）主视图；（b）展开图

3.6 实际操作题

1. 对已经施工完毕的通风系统进行风量测试及调整。

考核内容及评分标准　　表1

序号	测定项目	评分标准	标准分	得分
1	风机出口风量测定	准确率达90%为满分，每差10%，扣1分	5	
2	系统总风量的测定	准确率达90%为满分，每差10%，扣2分	10	
3	各风口风量的第一次测定	准确率达90%为满分，每差10%，扣2分	10	
4	用风口调节阀对各风口的风量进行调节，并测出最后数据	准确率达90%为满分，每差10%，扣2分	15	
5	测试报告	条理清晰，数据准确	40	
6	安全	操作过程无安全事故	10	
7	工效	由考评者确定	10	
	合计		100	

2. 直角等径圆管弯头制作

已知 $D=300\text{mm}$，$R=1.25D$，$\delta=0.75\text{mm}$，弯头由二端节三中节组成。

直角等径圆管弯头制作考核内容及评分标准　　表1

序号	测定项目	评分标准	标准分	得分
1	*D*—1	−2～0mm，如超出，本项无分	10	
2	*D*—2	−2～0mm，如超出，本项无分	10	
3	*R*	≤2mm；如≥±4mm，本项无分	10	

续表

序号	测定项目	评分标准	标准分	得分
4	直角	≤1°；如≥±3°，本项无分	10	
5	节数	节数不符合要求，本项无分	15	
6	咬口外观质量	由考评者确定	20	
7	安全	操作过程无安全事故	10	
8	工效	由考评者确定	15	
	合计		100	

3. 正圆锥管直交圆管制作主管

已知 $D=300$mm，$L=500$mm，正圆锥管 $d'=150$mm，$d=200$mm，$h=300$mm，$\delta=1$mm。

正圆锥管直交圆管制作主管的考核内容及评分标准　　表1

序号	测定项目	评分标准	标准分	得分
1	D	−2～0mm，如超出，本项无分	20	
2	d	−2～0mm，如超出，本项无分	15	
3	d'	−2～0mm，如超出，本项无分	20	
4	h，L	≤±3mm；如≥±5mm，本项无分	10	
5	角度	≤1°，≥±3°，本项无分	10	
6	安全	操作过程无安全事故	10	
7	工效	由考评者确定	15	
	合计		100	

4. 圆管90°大小弯头制作

已知 $D=300$mm，$d=200$mm，$R=1D$，$\delta=0.75$mm。

圆管 90°大小弯头制作考核内容及评分标准　　表 1

序号	测定项目	评分标准	标准分	得分
1	D	−2～0mm，如超出，本项无分	15	
2	d	−2～0mm，如超出，本项无分	15	
3	R	≤±5mm；如≥±10mm，本项无分	10	
4	角度	≤1°，≥±3°，本项无分	15	
5	咬口质量	由考评者确定	20	
6	安全	操作过程无安全事故	10	
7	工效	由考评者确定	15	
	合计		100	

5. 内外弧方形弯头制作

已知 $A = 300\text{mm} \times 300\text{mm}$，$R = A$，弯头长度 $L = 500 + 10$ (mm)，$\delta = 0.75\text{mm}$。

考核内容及评分标准　　表 1

序号	测定项目	评分标准	标准分	得分
1	A	−2～0mm，如超出，本项无分	20	
2	R	≤3mm；如≥±5mm，本项无分	10	
3	角度	≤1°，如≥±3°，本项无分	15	
4	L	≤3mm；如≥±5mm，本项无分	20	
5	咬口质量	由考评者确定	10	
6	安全	操作过程无安全事故	10	
7	工效	由考评者确定	15	
	合计		100	